Fuheshi Lumian Chezhe Yugu ji Chuzhi

复合式路面车辙预估及处治

葛永卫 编著

人民交通出版社股份有限公司
China Communications Press Co.,Ltd.

内 容 提 要

本书结合京昆高速公路石家庄段工程建设资料与实际路况调查，研究复合式路面沥青罩面层的车辙发展变化规律，并提出在不同的时间节点采取有针对性的养护措施。全书内容主要包括：国内外复合式路面现状调查与分析，京昆高速公路石家庄段交通量和轴载调查与分析，基于复合式路面实际使用条件的车辙预估方法和修正模型研究，车辙预估模型，复合式路面病害防治决策方法研究等。

本书适用于复合式路面施工、养护人员参考使用，也可作为公路技术人员认知学习用书。

图书在版编目（CIP）数据

复合式路面车辙预估及处治／葛永卫编著. —北京：人民交通出版社股份有限公司，2014.8

ISBN 978-7-114-11641-4

Ⅰ.①复… Ⅱ.①葛… Ⅲ.①复合式路面—沥青面层—车辙—研究 Ⅳ.①U418-6

中国版本图书馆 CIP 数据核字（2014）第 195665 号

书　　名：复合式路面车辙预估及处治
著 作 者：葛永卫
责任编辑：刘　倩　尤晓晖
出版发行：人民交通出版社股份有限公司
地　　址：（100011）北京市朝阳区安定门外外馆斜街 3 号
网　　址：http://www.ccpress.com.cn
销售电话：（010）59757973
总 经 销：人民交通出版社股份有限公司发行部
经　　销：各地新华书店
印　　刷：北京市密东印刷有限公司
开　　本：720×960　1/16
印　　张：6.5
字　　数：122 千
版　　次：2014 年 8 月　第 1 版
印　　次：2014 年 8 月　第 1 次印刷
书　　号：ISBN 978-7-114-11641-4
定　　价：25.00 元
（有印刷、装订质量问题的图书由本公司负责调换）

前 言

随着我国国民经济的快速增长，高等级公路和城市道路建设事业迅猛发展。至2013年底，我国高速公路达10.44万公里，居世界第二位，只用十多年的时间就走过了西方发达国家几十年的发展里程，成绩斐然。我国已建成的高等级公路和城市主干道中约75%采用了沥青混凝土路面。

随着交通量的快速增长，车辆超载严重，轴载不断增加，许多高等级公路和城市主干道在通车1~3年甚至更短的时间内就发生了早期损坏，进而给国家和社会造成了巨大的经济损失。为了应对重载交通带来的早期病害，国内外采用连续配筋水泥混凝土及沥青罩面复合式长久性路面，其主要思路就是把病害局限在沥青罩面层上。

由于连续配筋水泥混凝土刚度大，荷载作用下沥青罩面层基本处于受压状态，因此该路面结构主要表现为罩面层与水泥混凝土层间的抗剪强度不足引起的推移以及沥青混合料自身抗剪强度不足引起的车辙病害。由于沥青罩面层的厚度相对于正常的半刚性基层沥青路面面层厚度小，沥青混合料类型单一，受力简单，研究并预估车辙的发展是可行且相对精确的。

目前，沥青路面的抗剪性能研究引起了越来越多的关注。大量的研究表明，在夏季高温季节，路面强度降低，在车轮的水平和垂直荷载综合重复作用下，较小的剪应力作用也容易使沥青面层产生剪切破坏，导致路面变形的不断累积。

现行的路面设计规范中，尚没有引入有关沥青路面车辙控制的标准，只是在沥青混合料的设计中规定了一个动稳定度指标，用以保证沥青混合料的高温抗车辙性能，但是这个指标在用以表征和评价沥青混合料的抗车辙性能上还存在着较多的不足。首先，计算动稳定度仅仅限定在加载作用的后期，这样计算的动稳定度无法与路面实际受荷相对应；其次，动稳定度的制定标准完全是依据经验得到，没有理论依据，从而没有办法对沥青混合料的车辙发展过程给予预测；第三，没有考虑加载方式和温度以及环境包括水平力的影响，导致评价结果与实际路面的状况差异较大。同时，沥青路面的车辙发展不仅与沥青混合料自身特性有关，还和车辆荷载在具体路段上的作用有直接关系，不同轴载、不同车速，以及不同的环境条件等都使得实际道路的车辙发展极为复杂，难以用动稳定度试验来进行简单的表征和预估。

因此，需要采用合适的沥青混合料高温变形试验方法来研究混合料的高温抗变形性能，其受力方式应该和路面的实际受力状况接近，并且试验方法应该具有一定的力学依据，使得测试结果能够用量来预测沥青混合料的发生和发展变化规律，建立合适的车辙预估模型，从而为车辙的控制提供依据。

沥青路面通常在运行后的养护阶段，会出现表现形式多样、发展程度不一的车辙。此时应在对车辙的成因综合分析的基础上，结合室内混合料试验，确定合理的养护对策。

京昆高速公路石家庄段采用连续配筋水泥混凝土路面与沥青罩面复合式路面形式长达四十多公里，本书结合此工程建设资料与实际路况调查，研究复合式路面沥青罩面层的车辙发展变化规律，并提出在将来不同的时间节点采取有针对性的养护措施，这对提高路面的运营质量具有十分重要的意义。同时，该研究成果对于厚沥青面层的半刚性基层沥青路面也有重要的参考价值，对于推进沥青路面车辙形成机理的认知和车辙控制具有重要的学术价值。

本书在编写过程中，得到了交通运输部公路科学研究院副院长常行宪先生、人民交通出版社公路职教出版中心主任卢仲贤先生、河北交通职业技术学院教授田平先生和吉林大学博士向一鸣先生的大力支持与帮助，在此深表谢意。

由于作者水平所限，书中难免有不当之处，敬请读者批评指正。

作　者
2014 年 5 月

目　　录

1 国内外复合式路面现状调查与分析

1.1 连续配筋混凝土与沥青罩面复合式路面病害调查分析

病害调查手段主要采用表面的观察、量测，结合养护积累的病害调查记录资料，以及钻芯取样、地质雷达检测资料进行分析。作为一种复合路面结构，连续配筋混凝土与沥青罩面复合式路面的破坏形态兼具了水泥混凝土路面和沥青混凝土路面的破坏特点，主要表现为横缝反射裂缝、纵缝反射裂缝、角隅破坏、沥青面层拥包、沥青层剥落、路面沉陷、车辙、坑槽、翻浆等。

由于沥青混凝土层本身所引起的裂缝所占比例极小，所以下面对裂缝的观察和分析中，只涉及主要裂缝，即水泥混凝土层所引起的反射裂缝。

1.1.1 纵缝

路面沿路线纵向产生开裂的原因，一种是由于水泥混凝土板的厚度或强度不足，在行车道上重车的反复作用下而出现的荷载型反射裂缝；另一种是因填土未压实，路基产生不均匀沉陷或冻胀作用所造成的反射裂缝；还有一种是因沥青混凝土摊铺时间过长，或接缝处理不当，接缝处压实未达到要求，在行车作用下产生纵缝。通过对河南省复合式路面的调查发现，混凝土板缝所造成的反射裂缝是面层最主要的裂缝形式。在行车道与超车道之间出现的板缝几乎全部会反射到沥青面层上。而非板缝纵缝通常发生在行车道外轮迹处，超车道处几乎没有。非板缝裂缝一旦出现，对路面的破坏非常严重。它最长的延伸可达5km，遇结构物间断。在纵缝与横向反射裂缝交叉处，由于板角薄弱处的碎裂，多出现辐射状裂缝或龟裂，且裂缝宽度大多为4～6mm，雨后此处的面层极易发生唧泥、翻浆等破坏。纵向裂缝如图1-1所示。

根据断裂力学原理，将反射裂缝的扩展模式分为张开模式和剪切模式两种，其中温度应力对应着张开模式，行车荷载对应着剪切模式。这是因为在冬季寒冷季节，温度很低时，水泥混凝土板产生水平收缩变形，引起沥青层开裂。汽车荷载的最不利位置有两种：一种是偏荷载，即行车荷载作用在混凝土板接缝的一侧，轮迹边线与接缝重合时，板缝两侧的混凝土板产生竖向相对位移，使沥青层的剪应力增大，重复荷载产生的剪切造成沥青层的疲劳裂缝；另一种不利位置为接缝上的正荷载，即荷载作用在混凝土板接缝上，这时沥青层承受弯拉应力，由于在裂(接)缝处，混凝土不承受拉应力，所以此处沥青层的弯拉应力也最大，最易产生疲劳破坏，且当车轮通过裂(接)缝时，相邻板产生挠度差，使沥青层产生剪切破坏。

图 1-1　纵向裂缝

由反射裂缝产生的机理可知，温度和行车荷载是影响反射裂缝的外因，而这些因素是公路建设无法改变的。为了有效防治反射裂缝，有必要对路面材料、结构及工艺等内在因素进行研究，以增强其抵抗温度与行车荷载对路面产生的不利影响。根据理论分析和已有试验研究，影响反射裂缝的内在因素主要有：水泥混凝土结构参数与材料性能，层间结合状态，沥青层的拉伸强度及抗剪强度等。各种因素对反射裂缝的影响程度见表 1-1。

不同因素对反射裂缝的影响　　表 1-1

影响因素	影响因素变化趋势	反射裂缝出现的可能性	
		张开模式	剪切模式
CC 板厚度	增大	减小	影响较小
CC 板长度	增大	增加	影响较小
CC 板刚度	增大	增加	减小
CC 板材料均匀度	增大	减小	影响较小
CC 板早期水化	增大	增加	影响较小
CC 板接缝宽度	增大	减小	减小
CC 板接缝传荷能力	增大	影响较小	减小
AC 层厚度	增大	减小	减小
AC 层拉伸强度	增大	减小	影响较小
AC 层抗剪强度	增大	影响较小	减小
AC 层混合料耐久性	增大	减小	减小
层间界面剪切模量	增大	增加	影响较小
路面材料线收缩系数	增大	增大	不变

注：CC 表示普通混凝土板。

1.1.2 横缝

横缝是由于水泥混凝土层的干缩和温缩现象造成的，几乎每一道横缝都能反射到沥青混凝土上面层。如果冬季因干缩和温缩而导致混凝土板断裂，那么在沥青面层上反射裂缝宽度将达到4～7mm，这样的裂缝即使到了夏季也只能稍有减小，不会再愈合。此外，在实地调查中，从一些横缝处的钻芯取样可以看出，有些裂缝处存在有混凝土板厚薄不均、离析、强度不足等现象，所以干缩和温缩裂缝应是由这些原因综合造成的。水泥混凝土面板胀缝产生的反射裂缝如图1-2所示。

图1-2 水泥混凝土面板胀缝产生的反射裂缝

1.1.3 硬路肩纵向裂缝

图1-3 路肩与行车道间的纵向裂缝

调查路段内纵向裂缝产生的地方主要集中在硬路肩与行车道之间，缝宽较大，严重的地方达30cm，通过对较严重的地方进行路面开挖发现，其开裂深度直达土路基，如图1-3所示。经查阅其以前大修时的施工记录，停车道的基层在大修时重新处理过，与行车道的水泥混凝土面板基层不是一个有机的整体，施工中稍有偏差，此处就会存在纵向接缝，从而导致混合料摊铺后出现纵向反射裂缝。

1.1.4 AC上面层泛油

这种病害产生的数量较少，通常发生在养护修补路面处。它大多是由于施工中采用的沥青质量较差、稠度太低或后期养护中对养护材料配合比控制不严而造成的。有时也可能由于低温季节施工，表面嵌缝料散失过多，待天气变暖之后，在行车作用下矿料下挤，沥青上泛，表面形成油层而引起泛油。

1.1.5 拥包

在行车水平力作用下，沥青面层材料的抗剪强度不足易产生推挤拥包。这类病害大多是由于所用的沥青稠度偏低，用量偏多，或因混合料中矿料级配不好，细料偏多而产生。此外，若 AC 层较薄或 AC 层与混凝土层间的黏结较差，也易产生推挤、拥包。路面上的拥包大都在行车道外轮迹外侧，拥起高度通常不超过 2cm。

1.1.6 翻浆

在路面病害调查中发现，在水泥混凝土面板完好地段，雨天车辆经过时板缝内有白浆冒出，说明水泥混凝土面板与基层之间有脱空现象，雨水由板缝进入后，在车辆荷载作用下形成了摩擦、撞击、冲刷。从实际开挖看，有些地方水泥混凝土面板完好，而水泥混凝土面板与基层脱空，板缝附近的水泥稳定碎石基层已有轻度破碎、松散。

1.1.7 沉陷

在路面病害调查中发现，部分路段有较明显的沉陷、断板现象，说明该路段基层、底基层可能已经破碎、土基湿软。

1.1.8 坑槽

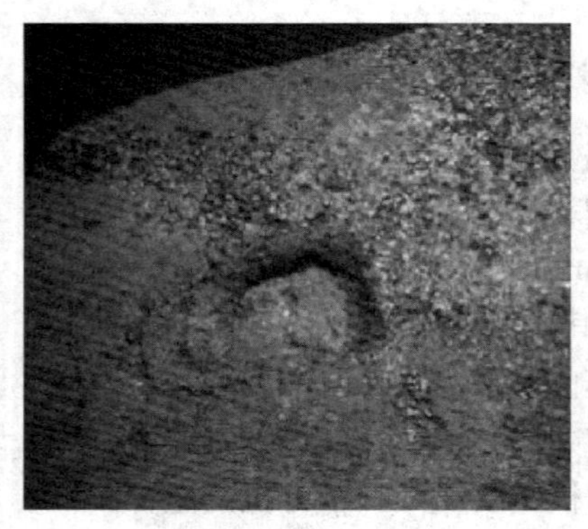

图 1-4 沥青面层坑槽病害

复合路面的坑槽往往都有一个形成过程，是由轻微病害发展为较严重的坑槽病害的。一般开始是局部发生网裂，然后出现唧浆、松散，并在交通荷载和自然因素如雨水等作用下逐步形成坑槽。如以前发生的网裂导致渗水，引发局部唧浆，车辙、拥包严重路段的基层裸露，就会导致路面出现大面积的坑槽。坑槽主要是由于压实不足、厚度不均匀、水损坏所引起的，如图 1-4 所示。

1.1.9 车辙

调查路段车辙主要集中在行车道轮迹带处，通过对车辙较严重部位钻芯观察，其变形主要发生在沥青面层的上面层。由于高速公路处于货运交通要道，车流量日益增加，大型货车较多，随着渠化交通程度的提高和车辆荷载的长期作用，加上高温天气下，沥青混合料的抗塑性变形能力差，行车道轮迹处的面层在行车荷载反复作用下不断被压密，出现固结变形和侧向剪切位移，而逐渐形成不同程度的辙槽，如图 1-5所示。

图 1-5 沥青面层车辙病害

1.2 复合式路面资料调查与分析

复合式路面具有良好的整体结构承载能力和使用性能，是一种可充分利用当地资源和材料，结构强度高、使用寿命长、经济性和耐久性好的资源节约和环境友好型的路面结构，是我国重载交通干线高速公路长寿命路面结构的形式之一，并在我国的道路工程中多次应用。

连续配筋混凝土刚柔复合式路面（CRC + AC）是将 CRC 良好的整体强度与 AC 良好的行车舒适性相结合的复合式路面。CRC 由于没有接缝，由混凝土路面接缝引起的唧泥、错台、断板等病害得到了有效的控制；而且大量配置的纵横向钢筋的强化作用限制了裂缝的宽度和发展，减少了加铺沥青面层的反射裂缝发生的可能性；同时为 AC 面层提供强大的荷载承重层。而其上的 AC 层能缓冲汽车荷载对 CRC 板的冲击，降低了 CRC 板的温度应力，减少了 CRC 板产生裂缝、边缘冲裂等病害，且为车辆提供平坦、舒适的行驶表面，并有利于噪声的降低。因此，CRC + AC 是一种较理想的刚柔相济的复合式路面结构形式。

1.2.1 CRC + AC 刚柔复合式路面结构组成

CRC + AC 刚柔复合式路面结构，一般由地基基础、CRC 板、层间界面黏结层、AC 面层等结构层所组成。CRC 板为承重结构层，AC 面层为表面功能层，层间界面需要黏结层将刚性层与柔性层结合共同受力与变形，同时还需要稳定的地基作为基础共同承载。复合式路面沥青面层的厚度，根据《公路水泥混凝土路面设计规范》（JTG D40—2002）❶的有关要求，对连续配筋混凝土和横缝设传力杆的普通混凝土为基础的复合式路面，一般为 2.5 ~ 8cm；《公路沥青路面设计规范》（JTG D50—2006）中［条文说明］规定：刚性基层沥青路面，高速公路的沥青面层最小厚度不宜小于 10cm。JTG D40—2002 中旧水泥混凝土路面上沥青加铺层按减缓反射裂缝的要求，高速公路沥青面层的最小厚度宜为 10cm。

有研究表明，AC 层厚度增加，CRC 板的荷载应力则有所降低，但幅度不大。4cm 沥青混凝土层的作用相当于 1cm 混凝土板的作用；而 CRC 的温度应力沥青混凝土层厚度的增加有较大的下降，AC 层厚度从 4cm 增加到 12cm，CRC 荷载应力下降 8% 左右，而温度应力下降 52% 左右。AC 层厚度小于 4cm 时，CRC + AC 的总应力与普通连续配筋混凝土路面（CRCP）的应力比较接近或稍大，主要是由于 AC 层较薄，隔热效果不明显，对荷载的扩散能力有限，同时由于 AC 层有较大的太阳辐射吸

---

❶ 现行的《公路水泥混凝土路面设计规范》（JTG D40—2011）2011 年出版，替代 JTG D40—2002。

收率,可使 CRC 板的温度梯度增大。综合考虑 CRC + AC 的结构应力与层间界面剪应力的理论计算与分析结果,沥青面层的厚度宜为 6 ~ 12cm,一般宜为 8 ~ 10cm。

CRC 的板厚在理论上可较普通混凝土板略小,JTG D40—2002 规范采用普通混凝土结构分析方法计算 CRC 板的应力,以有沥青上面层的混凝土板应力分析进行结构计算,考虑沥青面层对 CRC 板结构应力的影响,并确定 CRC 结构层的厚度。

1.2.2 CRC + AC 刚柔复合式路面结构分类

CRC + AC 刚柔复合式路面结构,根据应用条件不同,一般有新建 CRC + AC 刚柔复合式路面结构、旧沥青路面或旧水泥混凝土路面上加铺 CRC + AC 复合式路面结构、旧 CRCP 上加铺沥青面层的复合式路面结构。国内目前应用的 CRC + AC 结构,具体见工程应用部分中的结构形式。

CRC + AC 刚柔复合式路面结构,由 CRC 板承受交通荷载,作为主要承重结构;由 AC 面层将直接承受的车辆荷载传给 CRC 板,作为表面功能层,因此具有如下结构特点:

CRC + AC 刚柔复合式路面结构是在弹性半空间地基上,连续配筋混凝土弹性薄板上覆沥青混合料弹性层的复杂结构,承受交通荷载和环境温度变化多种因素的作用;连续配筋混凝土的刚度与其上的沥青混凝土层模量相差很多,收缩变形的累计差异效应也比普通混凝土路面大得多。

由于连续配筋混凝土板中配置了连续的纵向钢筋和一定的横向约束钢筋,一般不设置胀缝和缩缝。混凝土收缩所产生的横向裂缝,由于钢筋的作用受到限制而不会发展过大。因此加铺沥青面层产生反射裂缝的可能性大大降低,反射裂缝不再是其主要的病害形式。

由于沥青混凝土面层摊铺在连续配筋混凝土层上,层间主要靠沥青结合料的黏结力、沥青的内聚力以及沥青混合料与水泥混凝土表层的摩擦力来抵抗层间界面水平剪力,而不像沥青混凝土层内部一样,大量存在集料的嵌挤作用,抗剪能力相对较弱。在汽车起动、紧急制动等状态下,水平推力较大,路面容易产生车辙、滑移、拥包等现象。在拖车和挂车经常行驶的慢车道或坡度较陡峭的上坡段,由剪应力产生的破坏现象就更加明显,尤其高温条件时在长期反复荷载作用下,沥青的劲度模量降低,黏聚力减小,抗剪强度会明显减小。因此对于连续配筋水泥混凝土与沥青混凝土复合式路面,层间界面结合问题表现突出,对层间的抗剪必须予以高度重视。

CRC + AC 刚柔复合式路面结构端部会随着环境温度变化产生滑动位移,一般变形量在 2 ~ 3cm,需对端部进行特殊处理,而常规的 CRCP 端部处理方式对这种复合式路面不适用。目前一般采用桥梁结构中的伸缩缝形式,如普遍使用的毛勒缝。

CRC + AC 结构具有复合式路面的各项优点，且由于 CRC 中配置纵向钢筋，约束了混凝土板（CC）的变形，沥青面层不会产生反射裂缝问题，同时配筋率又可低于 CRCP 板，CRC 板的施工技术标准也可低于普通混凝土板（PCC）和 CRCP 板，是一种可充分利用当地资源和材料、结构强度高、使用寿命长、经济性和耐久性好、资源节约和环境友好型的路面结构。

（1）CRC + AC 刚柔复合式路面，由于 CRC 配置了纵向钢筋和横向钢筋，可抵制混凝土路面板纵向收缩产生的断裂。连续配筋混凝土板除施工缝及构造需要的端部以外，完全不需设置胀缝及缩缝，形成一完整而平坦的行车表面，从而改善了汽车行车的平稳性，避免了普通混凝土路面的接缝破坏，同时也增加了路面板的整体刚度，提高了承载能力和抗雨水渗入作用。因此，与普通混凝土板相比，其板体整体强度更高、承载能力更强、使用寿命更长、维修方便且费用更少。

（2）刚柔复合式路面可充分发挥不同路面材料的作用，柔中有刚、刚柔相济、扬长避短。高强度的 CRC 刚性基层提高了沥青路面的承载能力，可满足重载、超载、大交通量等荷载条件的要求。AC 层改善和提高了混凝土路面表面使用品质，可满足汽车高速行驶性能要求，并且方便养护维修。对于水泥混凝土材料，可充分利用当地材料与资源，如水泥、粉煤灰、碎石、砂砾石、钢筋等，促进当地经济发展并减少对我国相对较缺乏的石油资源的依赖。由于 CRC 板用作刚性基层，能最大限度地利用地方性材料，包括非规格材料和工业废品及副产品，降低了工程造价。

（3）由于 CRC 板作为路面基层，混凝土板的施工技术与质量标准可适当降低，如抗滑、耐磨及平整度等指标，可通过沥青面层来保证。因此，刚性部分作为路面的主要承载结构，为面层提供了可靠的支持，使弯沉、车辙减少，并能相应减小柔性面层所需厚度。而柔性面层能提高路面舒适性，降低噪声，缓解荷载对刚性部分的冲击，减小刚性面层的荷载疲劳应力和温度疲劳应力，且便于维修。这种类型的复合式路面是一种使用性能良好的结构形式，能充分满足重载交通条件下路面结构的耐久性要求，是我国目前环境和条件下长寿命路面结构形式之一。

1.2.3 CRC + AC 复合式路面层间界面结合技术

根据美国的研究资料显示，刚柔复合式路面由于缺乏层间的黏结力而产生滑移破坏的 AC 层模量和未发生滑移破坏的 AC 层模量有明显的区别，AC 层模量大的发生滑移的可能性小些，而厚的 AC 层能抵消一部分层间黏结能力的不足。上下两面层模量相差太大则容易引起滑移现象。这项研究表明，复合式路面层间滑移是较为普遍的道路病害，得到了各国道路研究者的重视。

因此，沥青面层与 CRC 板之间应设置有效的层间黏结结构，以保证沥青面层与 CRC 板之间的黏结强度，避免层间由于水平剪应力超过抗剪强度而发生剪切破坏。CRC + AC 层间界面结构目前可采用喷洒式、浸渍沥青土工布、铺装式这三种结构。

(1)喷洒式结构为采用机械或人工喷洒一层沥青质的黏结材料，如橡胶改性沥青、SBS 改性沥青、SBR 改性沥青、热石油沥青(AH－70 号)、SBR 改性乳化沥青、普通乳化沥青等，应根据当地的气候条件、交通荷载条件、沥青面层厚度选用不同的黏结层材料及用量；厚度一般小于 2～5mm，再撒一定数量的单一粒径碎石，一般为满铺碎石的 45%～55%。

(2)浸渍沥青土工布结构为采用机械或人工喷洒一层沥青或改性沥青，再摊铺一层聚酯长丝无纺土工布，即“一油一布”。为加强土工布中沥青的浸透，也可采用“两油一布”，即先洒一层沥青，摊铺土工布，再洒一层沥青，此时为方便施工，表面需再撒少量米石，结构层厚度一般小于 3mm。也可采用类似防水卷材的防水夹层材料，即工厂加工好的浸渍沥青的土工布，胎体材料应采用聚酯长丝无纺土工布，沥青应采用现场材料，结构层厚度一般小于 4mm。

(3)铺装式结构为机械摊铺一层类似于应力吸收层的薄层结构，如旧水泥混凝土路面上应用的 STRATA 应力吸收层，或高黏度高沥青用量的细粒式沥青混凝土，或浇注式沥青混凝土，一般厚度 2～3cm。目前工程中应用较少，造价较高。

1.2.4 CRC＋AC 刚柔复合式路面的工程应用

目前 CRC + AC 复合式路面在国内的应用较少，《公路水泥混凝土路面设计规范》(JTG D40—2002)也只建议在高速公路建设中使用。2003 年长沙理工大学与现代投资股份有限公司长潭分公司、湖南省高速公路管理局在湖南省长潭高速公路旧水泥混凝土路面改造工程中采用连续配筋混凝土复合式路面修筑了 44.76km 的试验路；2004 年江苏省沿江高速公路长寿命试验路结构方案中有两段采用 CRC + AC 结构，其中沥青面层采用 10cm 结构的 620m 和 6cm 改性沥青 SMA－13 结构的 580m，CRC 分别采用 26cm 和 24cm；2005 年江苏沪宁高速公路改扩建工程中修筑了长 670m、宽 14.5m 的 CRC + AC 的试验路。

2006 年长沙理工大学与现代投资股份有限公司长永分公司在长永高速公路黄花至永安段旧水泥混凝土路面改造工程中修筑了 8km 的实体工程。2007 年河北省张石高速公路石家庄段修筑了 40kmCRC + AC 实体工程。2008 年湖南省常吉高速公路计划修筑 1kmCRC + AC 试验路。

1)湖南省长潭高速公路 CRC + AC 复合式路面

湖南省长潭高速公路为京珠主干线的一段，全长 44.76km，4 车道，路基宽 27.5m，原路面结构为水泥混凝土路面。1997 年建成通车，经过 6 年多的运营，累计标准轴次已接近设计轴次，由于原结构层设计较薄（25cm 混凝土板 + 20cm 水泥砂砾基层），重轴载较多（调查表明，轴重大于 10t 的有 37.6%，轴重大于 13t 的超重车有 22.98%），到路面改造时，损坏严重。为适应重载交通的要求，弥补原结构上的不足，在对原旧水泥混凝土路面进行换板、压浆、清缝、灌缝等处理后，采用连续配筋混凝土补强调平层后，再加铺 10cm 沥青面层的改造方案，如表 1-2 所示。

长潭高速公路连续配筋混凝土加铺层复合式路面结构 表 1-2

结　构　层	混凝土加铺层复合式路面结构材料与厚度
表面层	4cmSBS 改性沥青 SMA－13（木质素纤维）
黏层	0.3～0.6L/m^2 改性乳化沥青
下面层	6cmSBS 改性沥青 AC－20J
黏结防水防裂层	浸渍 1.40kg/m^2 重交通沥青（AH－70）聚酯长丝烧毛土工布
补强、调平层	18cm 连续配筋混凝土
隔离层	2.5cm 沥青混合料 AC－10I
黏层	0.3～0.5L/m^2 乳化沥青或 0.3～0.6kg/m^2 重交通沥青 AH－70
旧混凝土板	换板，压浆处治旧混凝土板

连续配筋混凝土板纵向钢筋采用直径 18mm 的Ⅱ型钢筋，间距 24cm，配筋率 0.6008%。计算可得：裂缝间距为 1.632m，在 1～2.5m 之间；裂缝宽度为 0.93mm，小于 1mm；钢筋应力为 168MPa，小于钢筋屈服强度 335MPa。横筋采用直径 14mm 的Ⅱ型钢筋，间距 80cm，配筋率 0.1069%，纵向配筋率为横向配筋率的 5.62 倍，符合规范要求。路面改造工程于 2003 年实施，2003 年底完工，经过近 4 年的使用，效果良好。

2）江苏省沿江高速公路 CRC + AC 试验路

2004 年江苏省沿江高速公路长寿命试验路结构方案中有两段采用 CRC + AC 结构，其中沥青面层采用 10cm（4cm 改性沥青 SMA－13 + 6cm 改性沥青 AC－20）结构的 620m 和 6cm 改性沥青 SMA－13 结构的 580m，CRC 分别采用 26cm 和 24cm，以适应不同的交通量，其结构如图 1-6 所示。

<table>
<tr><td>试验段 1（620m）</td><td>试验段 2（580m）</td></tr>
<tr><td>4cmSMA－13</td><td>60cmSMA－13</td></tr>
<tr><td>6cmCDAC－20</td><td rowspan="2">24cmCRCP 面板
1cm 沥青胶砂下封层</td></tr>
<tr><td>26cmCRCP 面板
1cm 沥青胶砂下封层</td></tr>
<tr><td>20cm 水泥稳定碎石基层</td><td>26cm 水泥稳定碎石基层</td></tr>
<tr><td>20cm 二灰土底基层</td><td>20cm 二灰土底基层</td></tr>
</table>

图 1-6　江苏省沿江高速公路 CRC + AC 试验路结构

3）江苏省沪宁高速公路 CRC + AC 试验路

2005 年江苏沪宁高速公路改扩建工程中修筑了长 670m、宽 14.5m 的 CRC + AC 试验路，见表 1-3，其结构为 4cm 改性沥青 SMA – 13 + 8cm 改性沥青 Sup – 19 + 26cmCRC + 20cm 水泥稳定碎石 + 20cm 石灰土。

江苏省沪宁高速公路 CRC + AC 试验路结构 表 1-3

路面结构层	结构层厚度与材料
沥青上面层	4cmSBS 改性沥青 SMA – 13
沥青下面层	8cm 改性沥青 Sup – 19
承重层	26cm 连续配筋混凝土板 CRC
基层	20cm 水泥稳定碎石
底基层	20cm 石灰土

4）湖南省长永高速公路 CRC + AC 复合式路面

2006 年长沙理工大学与现代投资股份有限公司长永分公司在长永高速公路黄花至永安段旧水泥混凝土路面改造工程中修筑了 8km 的 CRC + AC 实体工程，其路面结构见表 1-4。

湖南省长永高速公路黄花到永安段 CRC + AC 结构 表 1-4

结构层	连续配筋混凝土复合式加铺层路面结构材料与厚度
表面层	4cmSBS 改性沥青 SMA – 13（木质素纤维）
黏层	0.3 ~ 0.6L/m^2 改性乳化沥青
下面层	5cmSBS 改性沥青 AC – 20
黏结防水层	1.6 ~ 1.8kg/m^{2}SBS 改性沥青黏结防水层
补强调平层	18cm 连续配筋混凝土（路肩板没有配筋）
隔离层	2.5cm 沥青混合料 AC – 10
黏层	0.3 ~ 0.5L/m^2 乳化沥青
旧混凝土板	换板压浆处治旧混凝土板

5）河北省张石高速公路 CRC + AC 复合式路面

2007 年河北省张石高速公路石家庄段修筑了 40kmCRC + AC 实体工程，其路面结构见表 1-5。

河北省张石高速公路石家庄段 CRC + AC 结构 表 1-5

沥青面层	6cm 改性沥青 SMA – 16
黏结层	热洒 SBS 改性沥青
CRC 层	28cmCRC 板
基层	4cmAC – 13

续上表

沥青面层	6cm 改性沥青 SMA－16
封层＋透层	热洒 70 号沥青＋乳化沥青
底基层	18cm 水泥碎石
垫层	16～20cm 级配碎石

6）湖南省常吉高速公路 CRC＋AC 试验路

湖南省交通运输厅科技计划项目《湖南公路路面典型结构及修建技术研究》课题组于 2008 年在湖南省常吉高速公路修筑 1kmCRC＋AC 试验路，其路面结构见表 1-6。

湖南省常吉高速公路 CRC＋AC 试验路结构 表 1-6

路面结构层	结构层厚度与材料
沥青面层 h_a	6cmRMB＋Domix 复合改性沥青 SMA－16
黏结防水防裂层	SBS＋RMB 复合改性沥青＋单粒径碎石
承重层 h_c	26cm 连续配筋混凝土板 CRC
基层	19cm6% 水泥稳定碎石（6MPa）
底基层	18cm 水泥碎石（3MPa）
结构层总厚度	69cm

根据国内外的研究与应用情况，CRC＋AC 具有较好的承载能力和较长的使用寿命，能满足重载交通长寿命路面的要求，是我国高速公路路面结构的发展方向之一。

由于 CRC＋AC 在我国的研究与应用较少，对它的很多性能特性并不是很了解，因此需要大量的试验和工程实践来掌握它，这样才能扬长避短，充分发挥其结构效能。其中值得重视的是，由于 CRC 与 AC 的回弹模量相差较大，AC 层与 CRC 层结合界面容易因为抗剪能力不足而引起滑移、拥包和分层等病害，故层间抗剪强度是一项重要的设计指标。

CRC＋AC 刚柔复合式路面结构通过近几年的研究、试验与应用，尤其是在交通量大、重车多、轴重大的京珠高速公路湖南长潭段 44.76km 近 4 年来的应用，效果良好，为其推广应用打下了基础，也开创了我国重载交通高速公路长寿命路面结构的新形式。

1.3 复合式路面设计方法

1.3.1 结构要求

RCC－AC 复合式路面的各结构层应有合理的组合与厚度，对路基、垫层、底基层、基层的要求应符合水泥混凝土路面设计规范。RCC 厚度由公路等级、交通级别、轴载作用次数和自然因素等条件通过计算确定。AC 层厚度范围应能够满足路面表面的平整度、耐磨、抗滑性能。当沥青层采用双层式或三层式时,其表面层厚度应满足抗滑、耐磨的要求,如果条件允许,可采用 SMA 混合料做上面层。

1.3.2 层间抗剪强度

AC 与 RCC 层间剪切破坏是一个疲劳剪切破坏的过程,而剪切指标中的容许剪应力要选择临界破坏状态的路段进行交通调查方可得到,这是一个复杂的技术经济问题,目前尚难从实际中得到容许剪应力。基于上述,借鉴我国城市道路柔性路面设计方法,在考虑疲劳及结构安全因素时,引入结构抗剪强度系数 k,则层间容许剪应力$[\tau]$由下式表示:

$$[\tau]=\frac{\tau_{\max}}{k} \tag{1-1}$$

当 $\tau\leqslant[\tau]$时,满足设计要求。

其中:k 为 AC 与 RCC 的层间结构强度系数;$\tau_{\max}$ 为一次行车荷载作用下的层间抗剪强度,其值与温度、车速和垂直荷载有关,当温度为 60℃ 时,垂直压力为 0.7MPa。

通过试验计算分析得到对应于路面实际行车荷载作用下的层间抗剪强度公式如下:

$$\tau_{\max}=k_{v}C+\sigma_{z}\tan\varphi \tag{1-2}$$

式中:k_v——剪切速率修正系数,与实际设计车速有关;

σ_z——垂直荷载,可以近似取 0.7MPa;

C、φ——由直剪试验确定的层间黏结材料的黏聚力与内摩擦角。

对结构强度系数 k,采用城市道路路面设计方法中的抗剪强度结构系数计算公式,当水平力系数为 0.2 和 0.5 时,有:

$$\begin{aligned}k_{(0.2)}&=\frac{0.33}{A}N_{e}^{0.15}\\k_{(0.5)}&=\frac{1.2}{A}\end{aligned} \tag{1-3}$$

其中:A 为公路等级系数。高速公路和一级公路为 1.0,二级公路为 1.1,三级公路为 1.2。

根据已有研究和试验表明,层间抗剪强度因采用不同层间结合料而不同,当层间无结合料和采用乳化沥青或热沥青为层间结合料时,所对应不同车速的层间抗剪强度见表 1-7。

不同层间结合状态层间抗剪强度(单位:MPa)　　表 1-7

结合料种类 \ 车速(km/h)	120	100	80	70	60	50	40	30
无结合料	0.6834	0.6702	0.6552	0.6391	0.6206	0.5985	0.5985	0.5711
热沥青	0.8114	0.7875	0.7607	0.7321	0.6989	0.6602	0.6602	0.6113
乳化沥青	0.8641	0.8388	0.8105	0.7802	0.7451	0.7041	0.7041	0.6524

根据层间抗剪强度试验结果,以层间剪应力为控制指标,计算得到设计车速为80km/h,设置不同防水层材料和层间结合料时,沥青上面层厚度见表 1-8。由于沥青混凝土上面层处于自然环境、汽车荷载等复杂因素作用之下,工作环境的差异可能会引起层间抗剪强度的较大变化,因此,计算厚度是偏小的。故表 1-8 列出了沥青混凝土上面层的推荐最小厚度。

沥青混凝土上面层厚度 h_a　　表 1-8

类别	无结合料	乳化沥青	热沥青	APP 防水卷材				
				E_{rr}(MPa)				
				10	50	100	200	300
计算值(cm)	4	2	2	3	5	7	7	7
推荐值(cm)	5	5	5	5	5	9	9	9

1.3.3 车辙指标

在国外沥青路面设计方法中,将路基顶面竖向压应变[ε_2]、沥青层允许永久变形和路面允许车辙深度[R_0]作为车辙控制指标。在国内,鉴于[ε_2]存在缺乏与车辙的定量关系,且在生产上较难验证以及由于复合路面的特殊性,车辙的产生仅与沥青层的厚度及混合料的特性有关,与半刚性基层沥青路面车辙形成机理相似,车辙的大小同路基顶面的竖向压应变关系并不密切,因此采用允许车辙深度[RD]作为车辙控制指标。

目前,我国连续配筋混凝土沥青混凝土复合路面的修筑历程较短,使用期不长,在短期内确定允许车辙深度不现实,因此,采用专家咨询法给出的允许车辙深度[RD]的建议值,如表 1-9 所示。

允许车辙深度值(单位:mm)　　表 1-9

公路等级	高速公路	其他高等级公路	
		非交叉口路段	交叉口路段
[RD]	10 ~ 15	15 ~ 20	25 ~ 30

1.4 京昆高速公路石家庄段路面使用状况调查分析

对京昆高速公路某些路段抽样测量了车辙深度,测量结果表明,车辙病害主要发生在行车道。车辙深度检测及车辙路段桩号中一部分数据见表 1-10,部分车辙分布柱状图见图 1-7。

车辙深度代表值(单位:mm)　表 1-10

路段编号	车辙深度范围	深度代表值	路段编号	车辙深度范围	深度代表值
1	15~30	22	7	8~18	12
2	20~50	31	8	10~22	16
3	15~30	24	9	13~23	18
4	8~16	10	10	7~12	9
5	15~35	26	11	7~12	9
6	8~14	10			

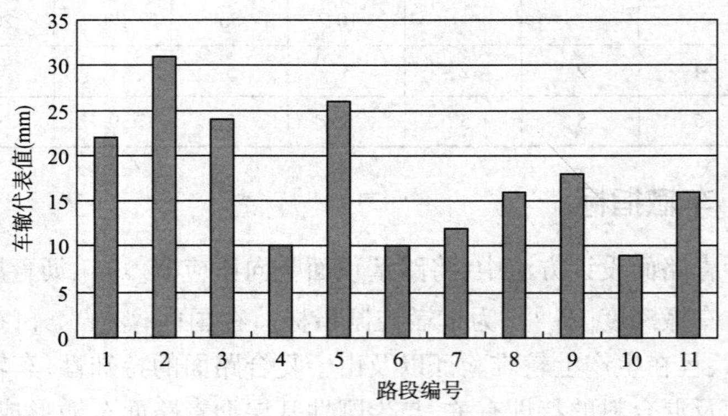

图 1-7　车辙分布柱状图

车辙深度在 10~20mm 路段,占调查路段的 50% 以上(占车辙路段的 75% 左右);车辙深度在 20~30mm 路段,占调查路段的 35% 左右(占车辙路段的 46% 左右);车辙深度在 30~45mm 路段占调查路段的 11.4% 左右(占车辙路段的 17.6% 左右);车辙深度在 45mm 路段,占调查路段的 3.3% 左右(占车辙路段的 5.1% 左右)。如此大面积的车辙一般发生在夏季高温季节。这次调查结果显示,车辙大于 20mm 的路段占调查路段的 10% 左右,车辙大于 15mm 的路段占调查路段的 50%。

2 京昆高速公路石家庄段交通量和轴载调查与分析

2.1 交通状况分析

近年来,超载车辆增加较快,特别是河北省境内的大型载重车辆和运煤车,超载通常都比较严重。根据多年来对重载路面研究的成果,若有单后轴轴重达12t的车辆在复合式路面上运行1次,相当于标准轴载运行了18次;若单后轴轴重达13t的车辆在复合式路面上运行1次,相当于标准轴载运行了66次。而现在路上运行的车辆超载不是一倍两倍的关系,10t载重车辆超载到50t是常见的超载现象。由此可见,重轴车辆对路面的作用影响甚大。在路面调研时也发现了大量的大型载重车辆和运煤车在路面上行驶,这无疑是路面破坏的一项非常重要的因素。

此外,交通量的增长率如果大于设计时所考虑到的增长率,那么交通量的增长必将增加路面的荷载疲劳应力,实际累计轴载作用次数必将大于设计累计轴载作用次数,从而影响路面的正常使用或减少路面的寿命。

2.1.1 年平均日交通量

根据以往某高速公路历年交通量的统计,将年平均交通量折算成小客车数与中型客车数,如图2-1所示。

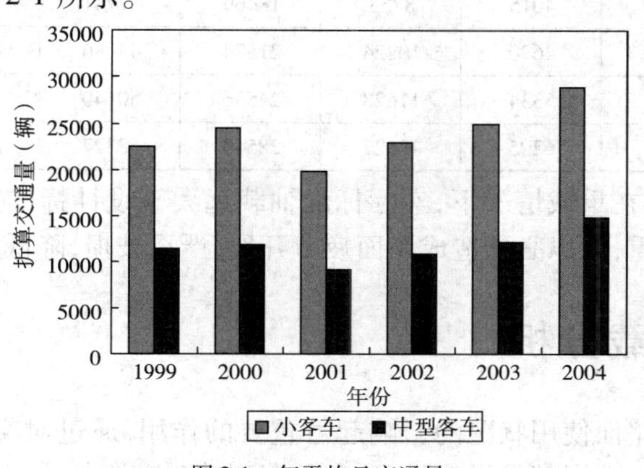

图2-1 年平均日交通量

2.1.2 年平均交通量增长率

根据图 2-1，通过回归可得图 2-2，从而可得该高速公路年平均日交通量为 7%，明显高于设计日交通量 5%。

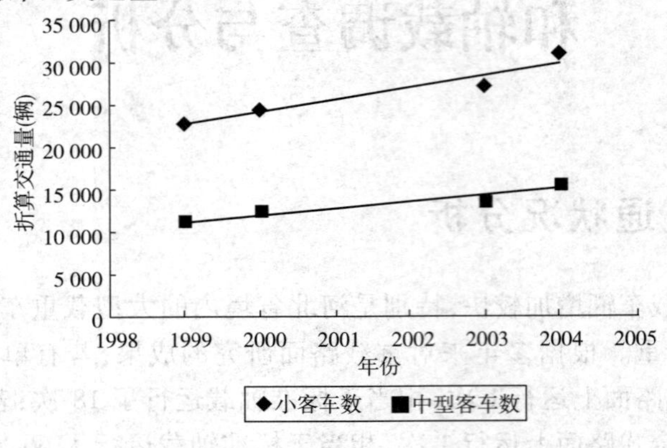

图 2-2 年平均日交通量

2.1.3 重载下的累计当量轴次对比分析

经交通调查发现，该段高速公路上大型载重车约占交通量的 20% 左右，按单后轴重分别为 10.5t、11t、11.5t、12t 计算年平均标准轴载作用次数，可得表 2-1。

年平均日标准轴载对比 表 2-1

年份	大型货车（辆/d）	年平均标准轴载日作用次数					设计标准轴载日作用次数
		10t	10.5t	11t	11.5t	12t	
1999	4534	4534	9884	20856	42620	83879	7282
2000	4891	4891	10662	22499	45975	90484	7646
2001	4015	4015	8753	18469	37741	74278	8029
2002	4690	4690	10224	21574	44086	86765	8340
2003	5334	5334	11628	24536	50140	98679	8852
2004	6205	6205	13527	28543	58327	114793	9284

经分析可得，在重载情况下，实际标准轴载远大于设计标准轴载。在实际中，超载现象非常严重，所以必然造成路面疲劳开裂，严重破损，降低路面使用寿命。

2.2 轴载分析

交通量对于路面使用状况的影响起着重要的作用，通过对交通量的调查了解交通量特征、构成，掌握其交通流量、流向及车型等基础资料。

根据表2-2代表轴重数据,计算各类车型的轴载换算系数如下。

代表轴重数据　　　　表2-2

代表车型		轴重(kN)			轴数(轮组数)			比例(%)
		前轴	中轴	后轴	前轴	中轴	后轴	
一型车	小客车	1.8	0	13.8	1(1)	0	1	100
二型车	中客车	2.8	0	18.8	1(1)	0	1	31.3
	小货车	36.4	0	42	1(1)	0	1	68.9
三型车	中货车	52.59	0	81.6	1(1)	0	2(2)	100
四型车	大货车	56.9	0	116.85	1(1)	0	2(2)	75
		65.1	0	97.57	1(1)	0	3(2)	25
五型车	特大货车	65	112.6	108.1	1(1)	1(2)	2(2)	16.28
		65	114	101.11	1(1)	1(2)	3(2)	61.28
		70	81	103	1(1)	2(2)	3(2)	15.12
		98.3	0	113.9	1(1)	0	3(2)	7.32

2.2.1 轴载计算

《公路水泥混凝土路面设计规范》(JTG D40—2002)中规定:利用当地称重站的测定和统计资料,通过设立站点进行轴载调查和测定,获取所设计公路的车型、轴型和轴载组成数据,分析计算设计车道使用的轴载作用次数。分析计算选用轴载当量换算系数法。各种轴型不同轴载级位的标准轴载当量换算系数按下式确定:

$$k_{p,ij}=\delta_{ij}\left(\frac{P_{ij}}{100}\right)^{16} \tag{2-1}$$

式中:$k_{p,ij}$——各种轴型不同轴载级位的标准轴载当量换算系数;

i——轴型;

j——二轴载级位;

P_{ij}——i种轴型j级轴载的轴重(kN);

δ_{ij}——i种轴型j级轴载的轴—轮型系数。

轴载当量换算系数可按照式(2-2)计算得到轴载日作用次数:

$$N_s=\frac{ADTT}{1000}\sum_i n_i\sum_j(k_{p,ij}\times P_{ij}) \tag{2-2}$$

式中:N_s——设计车道使用初期的标准轴载日作用次数;

n_i——每1000辆2轴6轮以上客、货车辆中i种轴型出现的次数;

P_{ij}——i种轴型j级轴载的频率(以分数计)。

根据轴载相应的换算公式和代表轴重数据表，得到代表车型与 BZZ－100 的轴载换算系数，如表 2-3 所示。

代表车型轴载系数　　表 2-3

代表车型	一型车	二型车	三型车	四型车	五型车
轴载系数	0.0012	0.102668	1.2993	0.8282	5.0898

2.2.2 轴载分析

按轴载计算得到各路段的历年轴载，与当时的设计轴载进行比较，结合路况调查结果进行分析，如表 2-4 所示。

以往轴载与设计轴载对比分析（单位：N）　　表 2-4

起点	终点	左幅	右幅	设计轴载
K654＋000	K600＋000	2.34×10^6	2.35×10^6	1.20×10^7

注：路面结构 4-26-20。

从以上分析可以看出，该段高等级公路中所调查的路段的交通量较小，重车较少，且设计时路面结构合理，剩余使用寿命高。实际路况表明，病害不多，路况较好，结构强度良好。

车型划分完全参照收费车型的划分标准，将所有车型划分为 5 类。同时，参考现行《公路工程技术标准》（JTG B01—2003），将所有车型折算为标准小客车，车型划分及折算系数见表 2-5。

交通调查车型划分及折算系数　　表 2-5

序号	划分标准				主要车型	折算系数
	轴数	轮数	车头高度（m）	轴距（m）		
1	2	4	<1.3	<3.2	小轿车、越野车、出租车、货车	1.0
2	2	4	≥1.3	≥3.2	面包车、小型货车、轻型货车、小型客车	1.0
3	2	6	≥1.3	≥3.2	中型客车、大型普通客车、中型货车	1.5
4	2	6～10	≥1.3	≥3.2	大型豪华客车、双层大客车、大型货车、大型拖挂车	2.0
5	>3	>10	≥1.3	≥3.2	重型货车、重型拖挂车、40ft（1ft＝0.3048m）集装箱车	30

3 基于复合式路面实际使用条件的车辙预估方法和修正模型研究

3.1 复合式路面沥青罩面层温度分布分析

AC + CRCP 复合式路面是在连续配筋水泥混凝土路面(CRCP)上加铺沥青混合料面层(AC)的一种复合式路面结构。研究 AC + CRCP 复合式路面的温度场具有重要的意义。首先,温度变化直接影响到了 CRCP 的裂缝和位移发展情况,决定了 CRCP 的使用性能;其次,沥青面层的存在使得 CRCP 的温度场与无上面层时相比,又有很大不同。目前,研究路面温度场的主要方法是根据气象资料,通过理论分析和经验回归两种途径进行分析。

3.1.1 基本原理

为分析复合式路面温度场,对路面结构做出以下 3 项基本假设:①路面各层材料完全均匀,各向同性;②温度变化只与厚度有关;③路面各结构层接触良好,热传导连续。据此假设,由能量守恒定律,可得路面温度场热传导方程,再根据一定的初始条件和边界条件,就可求解路面内部任意深处任意时刻的温度。

3.1.2 路表与外界环境的热交换

路表边界条件包括太阳辐射、空气对流换热和空气辐射换热 3 种,公式如下:

$$q = q_s + q_h + q_{ap} \tag{3-1}$$

式中:q——进入路面的热流密度;

q_s——路表吸收的太阳辐射强度;

q_h——空气与路表的对流换热;

q_{ap}——空气和路表的辐射换热。

1)太阳辐射

由于地球自转角速度恒定,根据太阳高度角一天内的变化情况和三角函数的性质,推导出一天中任一时刻路表吸收的太阳辐射热流密度为:

$$q_s=\begin{cases}0 & \left[0,43200-\frac{t_d}{2}\right] \\ \alpha_s\frac{\pi}{2t_d}Q\sin\frac{\pi}{t_d}\left[t-\left(43200-\frac{t_d}{2}\right)\right] & \left[43200-\frac{t_d}{2},43200+\frac{t_d}{2}\right] \\ 0 & \left[43200+\frac{t_d}{2},86400\right]\end{cases} \tag{3-2}$$

式中：t_d——日照时间；

Q——太阳日辐射总量；

α_s——路标对太阳辐射的吸收率。沥青混凝土为0.80～0.85。水泥混凝土为0.60～0.65。

2）空气对流换热

任一时刻空气与路表的对流换热为：

$$q_h=h_{ap}(T_a-T_p) \tag{3-3}$$

式中：h_{ap}——空气对路面的换热系数，一般为18～26W/(m^2·℃)；

T_a、T_p——分别为空气和路面的温度。计算所需的空气温度可从气象站获得。当缺乏详细资料时，可近似用正弦函数来模拟，公式如下：

$$T_a=T_{aw}+\Delta T[0.96\sin\omega(t-t_0)+0.14\sin2\omega(t-t_0)] \tag{3-4}$$

式中：T_{aw}——日平均气温(℃)；

ΔT——日气温振幅(℃)；

ω——频率(h^{-1})，$\omega=2\pi/24$；

t_0——当以早上6点为$t=0$时，最高气温滞后于太阳辐射强度峰值的时间加1h，一般取3h。本研究中为了分析方便，以午夜0点为$t=0$时，因此$t_0=9h$。

3）空气辐射换热

路表除了吸收太阳发出的短波辐射外，自身也在不断地发射长波辐射，并与周围空气的长波辐射形成辐射换热。大气长波辐射q_a、路表长波辐射q_p，以及空气辐射换热q_{pa}可按下式计算：

$$q_{pa}=\alpha_c q_a-q_p \tag{3-5}$$

$$q_a=\varepsilon_a\sigma_b T_{ak}^4$$

$$q_p=\varepsilon_p\sigma_b T_{pk}^4$$

式中：ε_a、ε_p——大气和路面的发射率，$\varepsilon_a=0.82$，对于沥青路面$\varepsilon_p=0.93$；

σ_b——斯蒂芬—波尔茨曼常数，取5.67×10^{-8}W/(m^2·K^4)；

T_{ak}、T_{pk}——大气和路表的绝对温度；

α_c——路表面对大气辐射的吸收系数。物体的吸收率恒等于同温度下的发射率，即 $\alpha_c = \varepsilon_p$，为简化计算，长波辐射强度也可表示为：

$$q_{ap} = h_r \sigma_b (T_{ak} - T_{pk}) \tag{3-6}$$

其中：

$$h_r = \varepsilon \sigma_b (T_{ak} + T_{pk})(T_{ak}^2 - T_{pk}^2) \tag{3-7}$$

式中：h_r——热辐射系数，单位为 $W/(m^2 \cdot K^4)$；

ε——大气与路表发射率，一般为0.9时即可满足计算精度要求。

3.2 有限元分析

3.2.1 有限元模型

初始条件为实际检测得到的0:00时刻的路面温度，边界条件如图3-1所示。在路表施加太阳辐射、空气对流换热和空气辐射换热。实际观测表明，由于基层和路基距路表较深，其温度波动幅度很小，因此路基底部施加恒定温度边界条件。

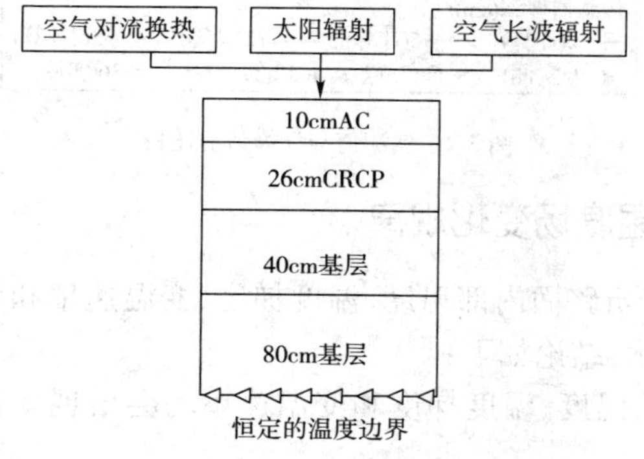

图3-1 路面模型

路面材料参数如表3-1所示，其中，c 为比热容；k 为导热系数。采用SE－I－3型准稳态法热物性测定仪检测了具有代表性的两种不同类型沥青混合料的热学参数。

路面材料热学参数 表3-1

材料	$\rho(kg \cdot m^{-3})$	$c[J \cdot (kg \cdot ℃)^{-1}]$	$k[W \cdot (m \cdot ℃)^{-1}]$	α_s	ε_p
AK－13	2500	894	1.25	0.85	0.93
OGFC－13	2200	1099	0.81	0.85	0.93
水泥混凝土	2450	879	1.80(1.28～2.33)	0.63	0.88
水泥稳定碎石基层	2077	817	0.95(0.93～1.86)	—	—
石灰土处治路基	1757	879	1.163(1.05～1.86)	—	—

3.2.2 计算值与实测值的比较

在 AC + CRCP 复合式路面的试验路段埋设了两组温度检测装置,试验路结构如图 3-1 所示。温度传感器埋深为 6cm,12cm,18cm,24cm,30cm 和 36cm,于 2004 年 7 月对路面温度场进行了两次 24h 连续观测。计算结果与实测值的比较如图 3-2所示,平均误差为 2°(5.6%),说明计算模型具有较高的精度。

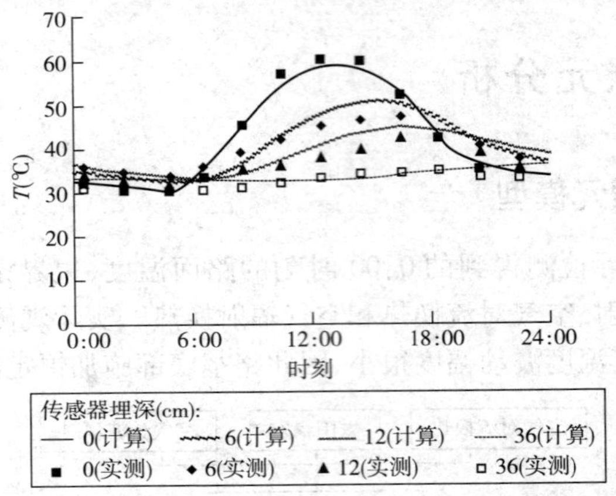

图 3-2 实测值与计算值的比较

3.2.3 路面温度场变化规律

根据计算结果分析路面内部温度、温度梯度、变温速率和日温差的变化规律,如图 3-3 ~ 图 3-5 所示,结论如下:

(1)随深度增加,温度、温度梯度和变温速率均会出现变化幅度减小、变化相位滞后的现象。

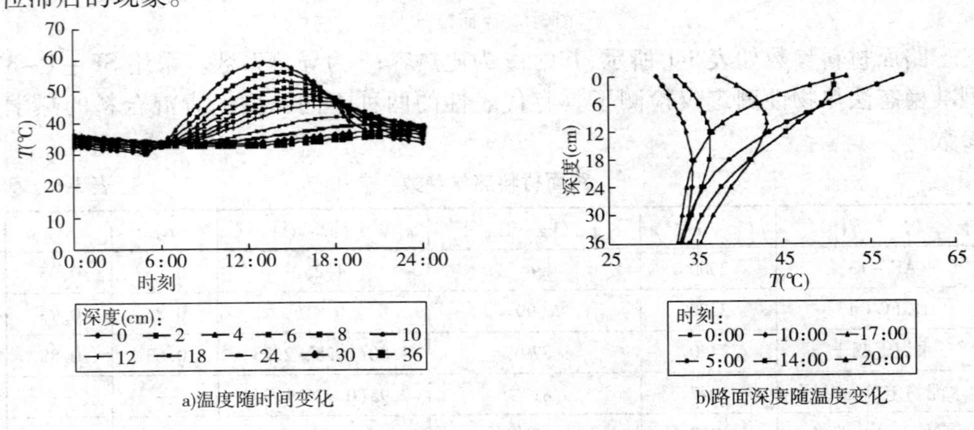

a)温度随时间变化

b)路面深度随温度变化

图 3-3 不同时刻温度随深度的变化

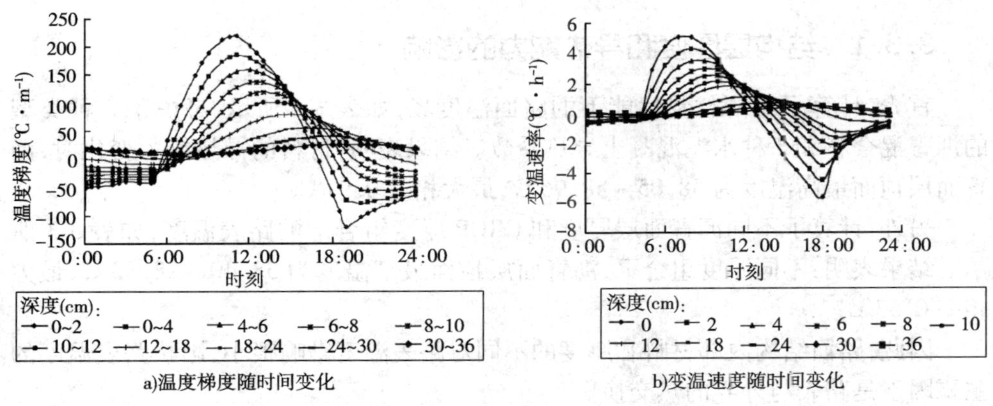

图 3-4 不同深度处的温度梯度和变温速率变化规律

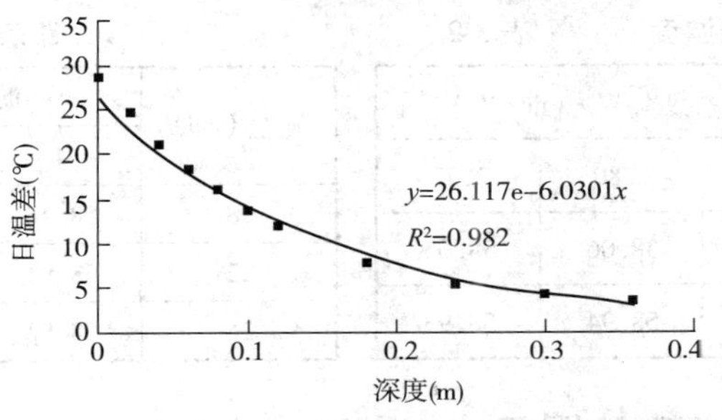

图 3-5 不同深度的日温差

(2)路表温度于凌晨 5:00 日照开始时达到最低值,午后 14:00 达到最高值;路面内部温度沿深度分布非线性变化,路面降温时还会表现出沿深度非单调变化的情况。

(3)路表于 11:00 达到正温度梯度最大值,19:00 达到负温度梯度最大值;正如图 3-3b)中曲线各点斜率不同,不同深处的温度梯度也不同,沥青层内的温度梯度明显较高。

(4)路表面变温速率于 7:00 时达到正最大值;于 18:00 时左右达到负最大值。

(5)日温差随着深度的增加而迅速减小,日温差随深度的变化可用指数函数来模拟。

3.3 路表温度影响因素分析

路面内部的温度分布,取决于路表温度和路面内部的热传导,而热传导是由路面内部各层材料的导热能力决定的。以下利用前文建立的模型,分析路表温度的影响因素。

3.3.1 结构层厚度和导热能力的影响

首先,计算了不同材料性能下的路面温度场,如表 3-2 所示,考虑了 2 种类型的沥青混合料和 3 种水泥混凝土导热系数。结果表明:材料的导热能力变化时,沥青面层顶面最高温度为 58.05 ~58.96℃,最大相差 0.91℃。

另外,计算了不同沥青面层厚度和 CRCP 厚度组合下的路表温度,如表 3-3 所示。结果表明:不同厚度组合下,沥青面层顶面最高温度为 58.40 ~58.93℃,最大相差 0.53℃。

因此,路面结构内部材料和厚度的不同对路表温度影响很小,影响路表温度的主要因素是路表与外界的热交换。

不同材料性能下的路表温度 表 3-2

路面材料	水泥导热系数 k[W·(m·℃)$^{-1}$]		
	1.28	1.80	2.33
AK-13	58.08	58.06	58.05
OGFC-13	58.96	58.94	58.93

不同结构层厚度组合下的路表温度 表 3-3

h_{CRCP}(cm)	沥青路面厚度(cm)		
	4	8	12
18	58.46	58.42	58.38
22	58.91	58.88	58.85
26	58.93	58.92	58.91

3.3.2 不同路表边界条件的影响

由于路表与外界的热交换是影响路表温度的主要因素,计算了不同边界条件时的路表温度,以分析不同天气对路表温度的影响规律,如图 3-6 所示,共考虑了 6 种边界条件,结论如下:

(1)考虑条件 E 和 F 时,24h 内路表温度变化很小,路表温度和空气温度非常接近;并且空气对流换热效果要优于空气辐射换热,反映在式(3-6)中,辐射热交换系数 h_r = 5.68W/(m^2·K^4)。远小于空气对流换热系数 h_{ap} = 20W/(m^2·K^4)。

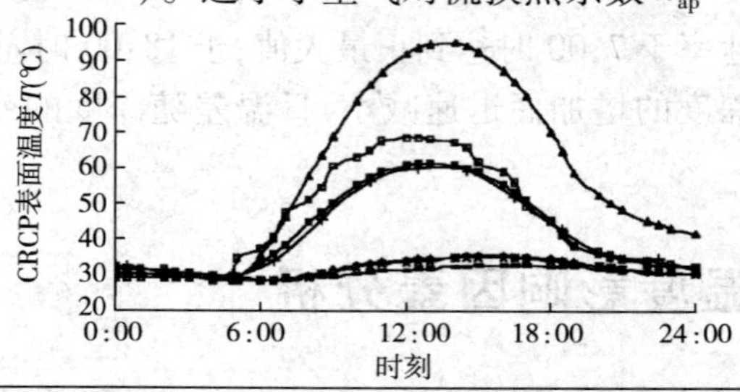

图 3-6 不同边界条件下的路表温度

(2)计算结果表明,只考虑太阳辐射时,路表可以上升到85℃,太阳辐射是进入路表热量的主要来源。考虑条件 B 和 C 时,路表温度高于实测值,并且条件 B 的路表温度要低于条件 C,也说明了空气对流换热效果优于空气辐射换热。

(3)条件 A 的计算结果最接近实测值,为精确计算路面温度场,应同时考虑 3 种热交换方式。

3.3.3 不同路表材料的比较

路表温度主要取决于路表与外界的热交换,同一地区的沥青路面和水泥路面,天气情况相同,对流换热系数的差别不明显,路表温度的区别是由太阳辐射吸收系数和发射率的不同引起的。计算了不同路面材料的表面最高温度,考虑 2 种吸收率和 3 种发射率,结果见表 3-4,可以看出:

(1)对于沥青路面,发射率取 0.182 和 0.193 时,路表最高温度相差不大,说明发射率的变化对路表温度影响很小,因此计算中大气与路表发射率可取为 0.19。

(2)太阳辐射吸收率对不同材料路表温度的影响很大,沥青路面表面最高温度比水泥混凝土路面平均高 71℃。可见路表温度取决于路表与外界的热交换,相同天气情况下路面表层材料对太阳辐射吸收率的不同是导致路表温度不同的主要原因。

不同发射率和太阳辐射吸收率下的路表温度　　表 3-4

太阳辐射吸收率	$\varepsilon_{p,air}=0.82$	$\varepsilon_{p,cem}=0.88$	$\varepsilon_{p,asp}=0.93$
$\alpha_{s,cem}=0.63$	55.61	55.34	55.12
$\alpha_{s,asp}=0.85$	62.83	62.45	62.14

由此可得出:

(1)随深度增加,温度、温度梯度和变温速率都会出现变化幅度减小、变化相位滞后的情况。日温差随着深度的增加迅速减小,其随深度的变化可用指数函数表示。

(2)路表温度取决于路表与外界的热交换,路面内部结构层厚度和材料的变化对路表温度影响很小,相同天气情况下路面表层材料对太阳辐射吸收率的不同是导致路表温度不同的主要原因。

(3)当沥青混合料面层厚度超过一定值时,沥青混合料面层可以起到降低 CRCP 顶面最大温度的作用,且该厚度只与沥青混合料导热能力有关,密级配沥青混合料为 41cm,大空隙排水性沥青混合料为 31cm。

3.4 复合式路面沥青罩面层应力分布特性分析

CRCP + AC 路面是一种在连续配筋水泥混凝土路面(CRCP)上加铺沥青混凝

土层(AC)的复合式路面结构形式,由于其具有使用寿命长、后期养护费和维修费低、行车舒适性好等优点,在国内外新建或改建路面工程中得以广泛推广和应用。我国现行的《公路水泥混凝土路面设计规范》(JTG D40—2002),采用3项设计指标来进行连续配筋水泥混凝土路面的配筋设计。分别为:横向裂缝的平均间距1.0m~2.5m;裂缝宽度不大于1mm;钢筋拉应力不超过钢筋屈服强度。这三项指标的确定均与温度应力的计算有关,其中裂缝的间距和裂缝的宽度为考虑混凝土的干缩与温缩计算得来,而在钢筋应力的计算中,也没有考虑荷载应力的影响,同样是收缩应力分析的结果。因此,准确认识和把握日周期气温下路面内部温度应力分布规律,对连续配筋水泥混凝土路面的设计具有重要的指导意义。对夏季高温条件下 CRCP + AC 复合式路面瞬态温度场进行了有限元分析,利用温度—结构耦合原理计算了日周期气温下路面结构的温度应力。考虑了温度沿路面深度方向分布的非线性特征及初始温度的非均匀性,对 CRCP + AC 复合式路面温度应力的影响因素进行了分析。

有限元软件 ANSYS 具有强大的前处理、求解和后处理功能,ANSYS10.0 热分析[28]基于能量守恒原理的热平衡方程,用于计算一个系统或部件的温度分布及其他热物理参数,如热量的获取或损失、热梯度、热流密度(热通量)等,能够计算各节点温度,并导出其他的物理量。ANSYS10.0 热分析中包括热传导、热对流及热辐射3种热传递方式,此外还可以分析相变、有内热源、接触热阻等问题。热分析主要分为:稳态热分析和瞬态热分析两类。大多数工程实际问题中,外界温度均是随时间的改变而发生变化的,因此工程上大多采用瞬态热分析计算温度场,并将计算值作为热荷载进行温度应力分析。ANSYS 中瞬态热分析的控制微分方程可以由热传导方程推导出来,表示如下:

$$\frac{\partial}{\partial x}\left(k_x,\frac{\partial T}{\partial x}\right)+\frac{\partial}{\partial y}\left(k_y,\frac{\partial T}{\partial x}\right)+\frac{\partial}{\partial z}\left(k_z,\frac{\partial T}{\partial z}\right)+\ddot{q}=\rho c\,\frac{\mathrm{d}T}{\mathrm{d}t} \tag{3-8}$$

其中:

$$\frac{\mathrm{d}T}{\mathrm{d}t}=\frac{\partial T}{\partial t}+V_x\,\frac{\partial T}{\partial x}+V_y\,\frac{\partial T}{\partial y}+V_z\,\frac{\partial T}{\partial z} \tag{3-9}$$

式中:k_x、k_y、k_z——分别表示沿 x、y、z 三个方向上的热传导率[KJ/(m·h·℃)];

q——表示单位体积单位时间内的生热量,[KJ/(m·h·℃)];

ρ——代表密度;

c——比热;

V_x、V_y、V_z——代表介质热传导率。

耦合场分析是指在有限元分析过程中考虑了两种或者多种工程学科的交叉作用和相互影响。耦合场分析可以归结为两种不同的方法,即间接耦合方法和直接耦合方法。

(1)间接耦合方法

间接耦合方法是按照顺序进行两次或更多的相关场分析。它是通过把第一次场的分析结构作为第二次场的分析的载荷来实现两种场的耦合的。例如,间接热一结构耦合分析是将热分析得到的节点温度作为"体力"载荷施加在后续的应力分析中来实现耦合。ANSYS 通过单元转化功能,将具有间接分析功能的单元类型转化为适用于另一种物理场下等效的单元类型。

(2)直接耦合方法

直接耦合方法直接利用包含所有必须自由度的耦合单元类型,仅通过一次求解就能得到耦合场分析结果。适用于多个物理场各自的响应相互依赖的情况。由于平衡状态要满足多个准则才能取得,直接耦合分析往往是非线性的。每个节点上的自由度越多,矩阵方程就越庞大,求解所要耗费的时间就越长。在这种情况下,耦合是通过计算所有必须项的单元矩阵或单元载荷矢量来实现的。对于不存在高度非线性相互作用的情形,间接耦合解法更为有效和方便,因为我们可以独立进行两种场的分析。直接耦合解法在解决耦合场相互作用,具有高度非线性时更具优势,并且可利用耦合公式一次性得到最好的计算结果。本文的分析中,选用间接耦合解方法来进行复合式路面的温度应力计算。分析中采用的一单元类型为:LINK33,SOLID70,SOLID95,ESURF152。LINK33 一三维传导杆单元,用于节点间热传导的单轴单元。该单元每个节点有一个温度自由度。可用于稳态或瞬态热分析问题。耦合分析中,该单元可以被等效的结构单元 LINKS 代替。分析中用来模拟钢筋单元。

SOLID70 一等参 8 节点三维实体单元,该单元用于三维稳态分析或瞬态热分析问题,并可补偿由于恒定速度场质量输运带来的热流损失。由于包含热实体单元的模型还需进行结构分析,可以被一个等效的结构单元 SOLID45 单元代替。此单元有一个选项,用来模拟通过多孔介质的非线性稳态流动。此时,原有的热参数被解释成相似的流体流动参数。分析中用来模拟各路面结构层。如图 3-7 所示。

应用手工间接耦合方法进行 CRCP + AC 复合式路面温度应力求解过程中,必须先将路面温度场计算出来,然后通过 ETCHG 命令将热单元转化成为对应的结构单元(TTS)。

为了将问题简化,分析中作了以下几点假定:

①各层材料均匀、完全弹性且各向同性。

②层间接触良好,温度函数满足连续条件。

③温度只沿路面厚度方向变化,等深度下路面内部任一位置温度值相同。

④温度变化范围内,各结构层材料热学参数保持恒定。

为了计算路面温度场和温度应力,选择典型的 CRCP + AC 复合式路面结构形式,路面结构形式及相关参数取值见表 3-5。根据南方某省气候条件,选取具有代表性的夏季炎热气候下某天的气温和日太阳辐射总量作为有限元模拟的分析参数,该天日最高温度值为 34.3℃,日最低温度为 27℃,太阳日辐射总量为 26MJ/m^2,日照时数为 12h(6:00 ~15:00)。各层材料热学参数见表 3-6。

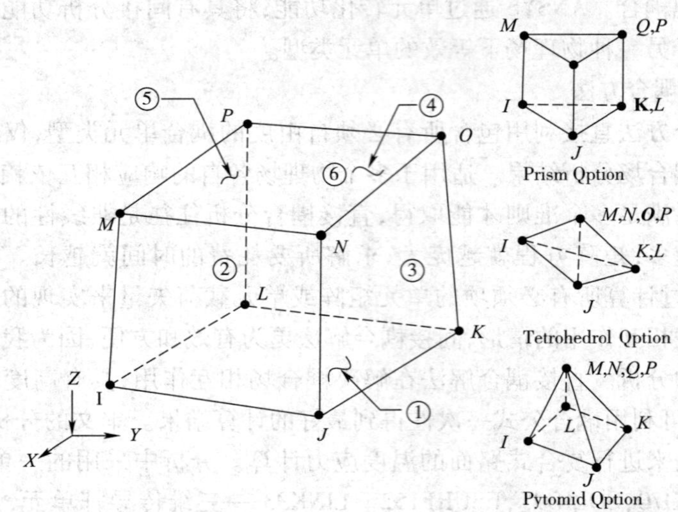

图 3-7　SOLID70 单元

路面各结构层材料参数　　表 3-5

结构层	沥青混凝土	连续配筋水泥混凝土	5% 剂量的水泥稳定碎石	土基
厚度(cm)	6 ~ 12	18 ~ 24	20	1000

路面材料热学参数　　表 3-6

项目	导热系数（W/m℃）	温缩系数（10^{-5}/℃）	比热（J/kg℃）	密度（kg/m^3）	弹性模量（MPa）	泊松比
沥青混凝土	0.9	2.0	1200	2000	1500	0.25
水泥混凝土	1.3	1.0	900	2500	30000	0.25
水泥稳定碎石	1.0	1.5	160	2000	1500	0.25
土基	1.2	1.0	900	1800	60	0.35

路面内部的热量主要来源于以下 3 种形式空气对流换热、太阳辐射、空气长波辐射。据此建立了带裂缝的路面三维有限元模型,模型水平方向和路而深度方向上单元网格划分如图 3-8 所示。

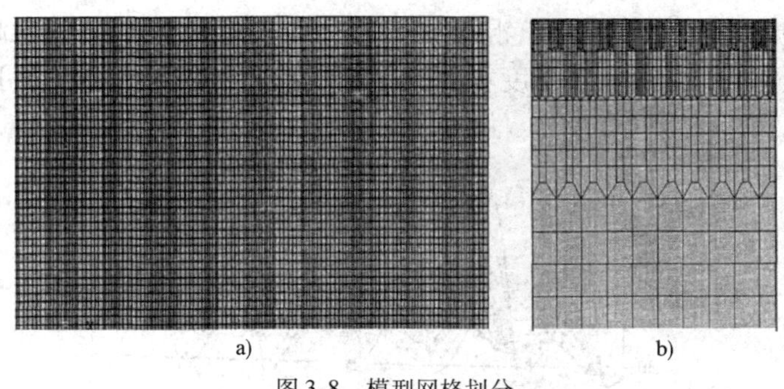

图 3-8 模型网格划分

3.4.1 温度非线性分布对应力的影响

在常见的素混凝土路面厚度范围内,未考虑温度非线性分布下混凝土最大温度应力值比考虑温度非线性分布时得到的最大温度应力值大25%～30%,温度非线性分布产生的温度内应力不容忽视。为了分析温度内应力的影响,本研究对同一点(板中)混凝土温度应力分别进行了线性与非线性有限元计算。一个周期内,两种分布情况下混凝土板中温度应力对比曲线如图 3-9 所示。由对比图可知:线性分布条件下,混凝土最大温度应力计算值为 1.049MPa,非线性所得结果为 0.998MPa。线性计算值比非线性结果大 5.1%;温度线性分布下混凝土应力最大值出现时刻早于非线性分布情况(约 1h)。该时刻,非线性计算结果为 0.923MPa。线性计算值比非线性所得结果大 13.7%。

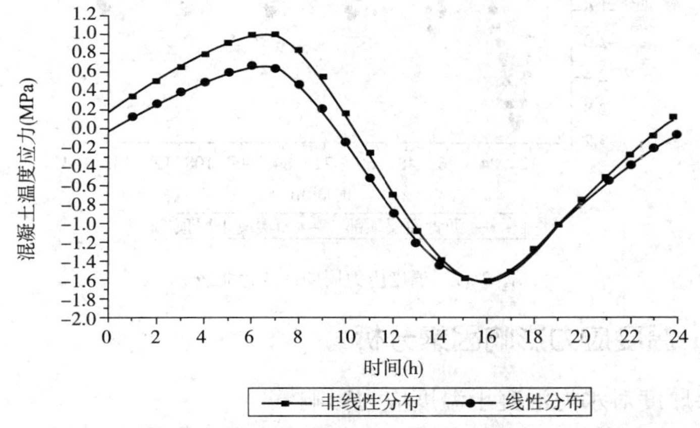

图 3-9 线性与非线性分布下温度应力对比曲线

由于路面初始温度条件的设置与实际情况存在偏差,在稳定的气候周期性变化条件下,应进行多个连续循环的温度场和温度应力计算。本文以 0:00 时刻温度数据作为初始温度条件,对路面结构进行了 6 个连续循环的温度场和温度应力计算。6d 内路面结构温度场和温度应力周期性变化曲线如图 3-10 和图 3-11 所示。

由图可知,计算至第 6 个循环后,混凝土的温度应力变化曲线已基本趋于稳定;随着路面深度的增加,路面内部温度场的变化曲线越不易稳定。如图 3-12 所示。

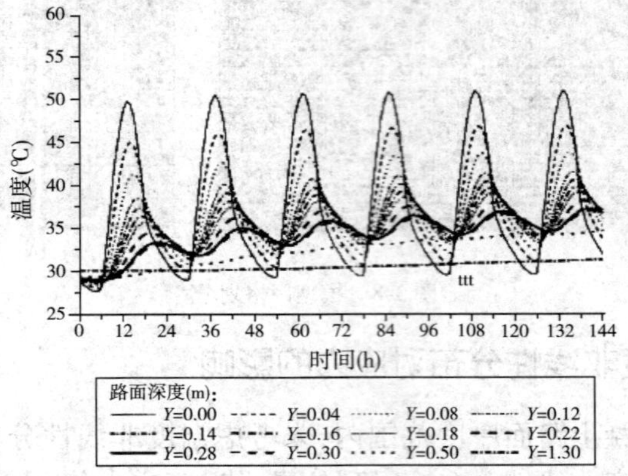

图 3-10　不同深度方向温度周期性变化曲线

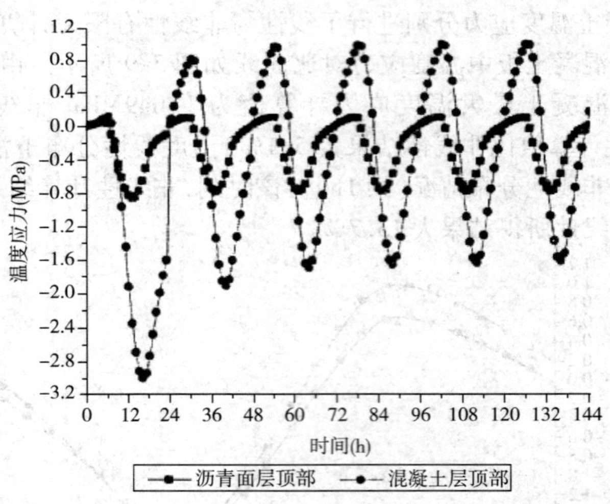

图 3-11　温度应力周期性变化曲线

3.4.2　温度应力影响因素分析

1)AC 层厚度对水泥混凝土温度应力影响

为了分析沥青混凝土层厚度对水泥混凝土温度应力的影响,拟选取 4 种不同厚度的沥青加铺形式,AC 层厚度从 6cm 变化到 12cm,变化增量为 6cm。水泥混凝土层顶部的温度应力随 AC 层厚度变化曲线如图 3-13 所示,由图可知,随着 AC 层厚度的增大,混凝土最大温度应力值减小,当 AC 层厚度小到一定范围后(小于 6cm),CRC 层厚度的改变对混凝土层顶面最大温度应力的影响不大。

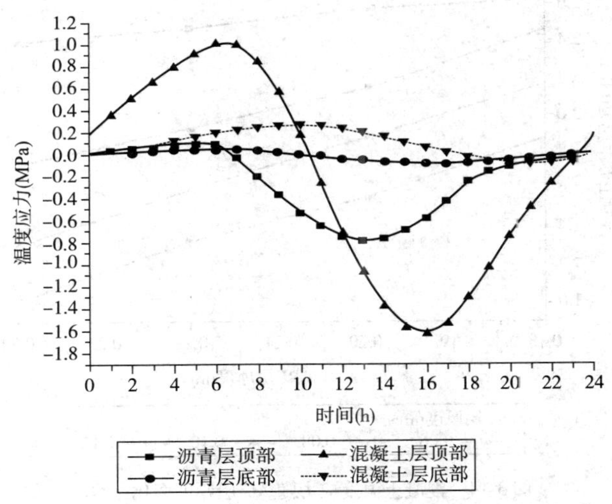

图 3-12 不同时刻温度应力随时间变化曲线

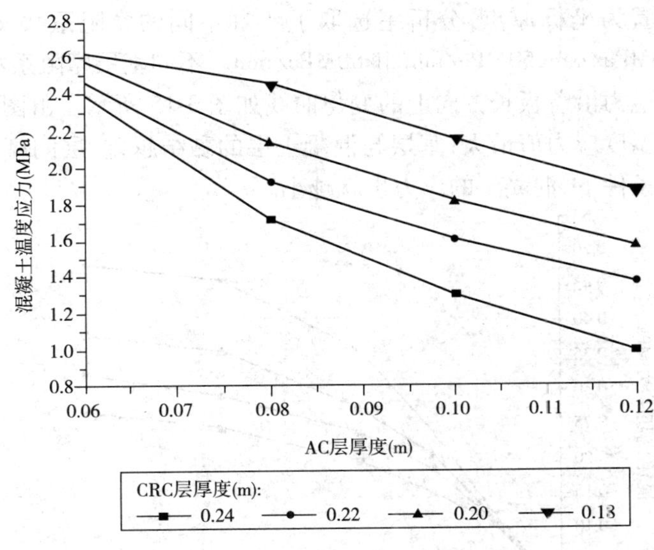

图 3-13 混凝土温度应力随 AC 层厚度变化曲线

2) CRC 层厚度对水泥混凝土温度应力的影响

CRC 层厚度对混凝土层顶部最大温度应力的影响曲线如图 3-14 所示，CRC 层厚度在 18cm 到 24cm 之间变化。由图可知，CRC 层越厚，混凝土层顶部的最大温度应力越小。

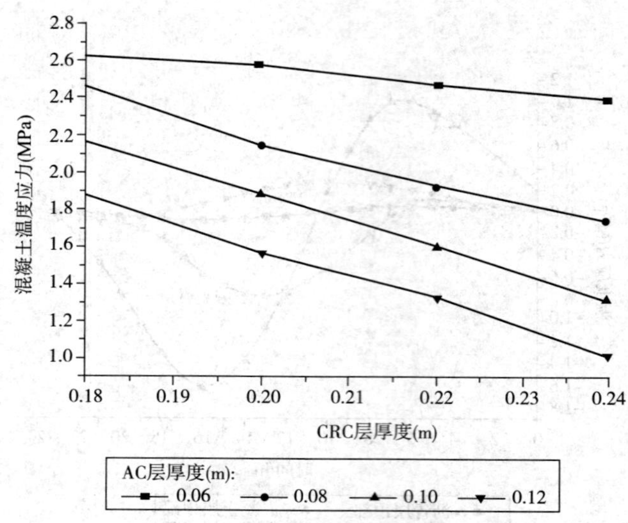

图 3-14 混凝土温度应力随 AC 层厚度变化曲线

3)基层摩阻系数(K_s)对混凝土应力的影响

为了分析基层摩阻系数对混凝土应力的影响,文中取单块板为研究对象,将裂缝起点位置设置为坐标原点,分析中选取了 4 种不同的摩阻系数,取值分别为:10MPa/mm,30MPa/mm,50MPa/mm 和 80MPa/mm。不同基层摩阻系数下配筋位置处混凝土温度应力沿着板长方向上的变化曲线如图 3-15 所示。由图可知,板中位置上混凝土的温度应力值最大;基层与混凝土层的黏结越差,层间摩阻系数越小,在相同的边界条件下,混凝土的应力也就越小。

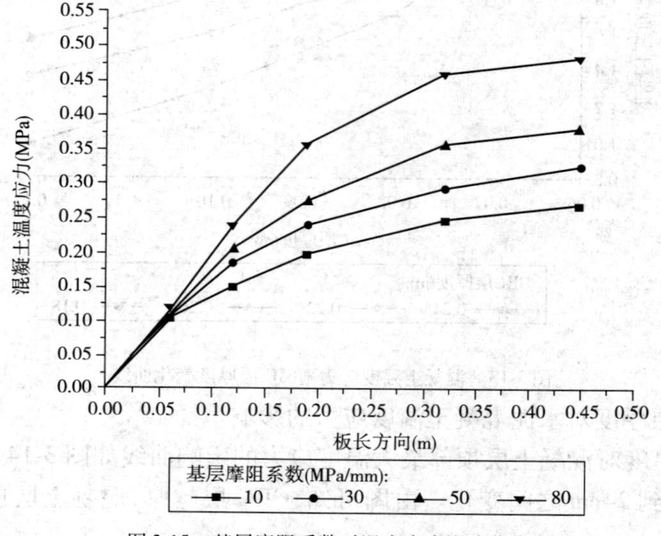

图 3-15 基层摩阻系数对温度应力影响曲线

针对当前路面温度应力分析过程中存在的问题,文中对现行的定值初始温度假定进行了改进;考虑了温度沿路面深度方向上分布的非线性特征及初始温度的非均匀性,对 CRCP + AC 复合式路面的温度应力及其影响因素进行了分析。分析中得出了以下结论:

(1)随着 AC 层厚度的增大,混凝土最大温度应力值减小;当 AC 层厚度小到一定范围后(小于 6cm),CRC 层厚度的改变对混凝土层顶面最大温度应力的影响不大。

(2)AC 层厚度一定条件下,CRC 层越厚,混凝土层顶部的最大温度应力越小。

(3)板中位置上混凝土的温度应力值最大;基层与混凝土层的黏结越差,层间摩阻系数越小,在相同的边界条件下,混凝土的应力也就越小。

3.5 复合式路面沥青罩面层车辙变化规律分析

3.5.1 板式试件高温变形计算方法的确定

1)单层车辙板永久变形公式的建立

为了具体表示沥青混合料的黏弹性变形行为,更好的描述材料的记忆性能和物体受外荷载作用后的历程,采用积分型本构方程。运用波尔兹曼线性叠加原理对应力作用下,黏弹性材料的应变响应进行推导,并遵循以下两个原则:

①材料蠕变是整个加载历史的函数。

②每个阶段施加的荷载对最终形变的贡献是独立的,因而最终形变是各阶段荷载所引起形变的线性叠加。

在模型上施加应力 $\sigma=\sigma_0 H(t)$,模型产生的应变响应为:

$$\varepsilon = J(t)\sigma_0 \tag{3-10}$$

若在时刻 t_1 附加应力 $\Delta\sigma_1$,其所产生的应变为:

$$\Delta\varepsilon = J(t-t_1)\Delta\sigma_1 \tag{3-11}$$

所以在 t_1 以后的时刻由前面施加的所有应力所产生的应变为:

$$\varepsilon = J(t)\sigma_0 + J(t-t_1)\Delta\sigma_1 \tag{3-12}$$

以此类推,可以得到任意时刻 t 的总应变为:

$$\varepsilon = J(t)\sigma_0 + \sum_{i=1}^{n} J(t-t_i)\Delta\sigma_i \tag{3-13}$$

$H(t)$ 为单位阶跃函数:

$$H(t) = \begin{cases} 1, t>0 \\ 0, t<0 \end{cases} \tag{3-14}$$

若模型上作用的应力表示为一个连续可微的函数,则可以将 σ 表示为多个小

应力 $d\sigma(\tau)H(t-\tau)$：

$$\varepsilon = J(t)\sigma_0 + \int_0^t J(t-\tau)\mathrm{d}\sigma(\tau) \tag{3-15}$$

$$\mathrm{d}\sigma(\tau) = \frac{\mathrm{d}\sigma}{\mathrm{d}t}\bigg|_{t=\tau}\mathrm{d}\tau = \frac{\mathrm{d}\sigma(\tau)}{\mathrm{d}\tau}\mathrm{d}\tau \tag{3-16}$$

$$\begin{aligned}\int_0^t J(t-\tau)\mathrm{d}\sigma(\tau) &= \int_0^t J(t-\tau)\frac{\mathrm{d}\sigma(\tau)}{\mathrm{d}\tau}\mathrm{d}\tau \\ &= J(t-\tau)\sigma(\tau)\big|_0^t - \int_0^t \sigma(\tau)\mathrm{d}J(t-\tau) \\ &= J(0)\sigma(t) - J(t)\sigma(0) + \int_0^t \sigma(\tau)\frac{\mathrm{d}J(t-\tau)}{\mathrm{d}(t-\tau)}\mathrm{d}\tau \end{aligned} \tag{3-17}$$

所以：

$$\varepsilon(t) = J(0)\sigma(t) + \int_0^t \sigma(\tau)\frac{\mathrm{d}J(t-\tau)}{\mathrm{d}(t-\tau)}\mathrm{d}\tau \tag{3-18}$$

上式表示 t 时刻应力产生的应变值与应力历史引起的蠕变变形之和。

另一方面，根据弹性体虎克定理，对于各向同性材料，在小变形情况下，三向应力状态下的应力和应变关系为：

$$e = \frac{1}{3K}\sigma \tag{3-19}$$

在进行车辙试验时，车辙试件限制侧向变形，因此有：

$$\varepsilon_x = \varepsilon_y = 0 \tag{3-20}$$

$$\sigma_x = \sigma_y = k\sigma_z \tag{3-21}$$

此处，k 为侧压力系数，其值为：

$$k = \frac{\mu}{1-\mu}$$

$$\varepsilon_z = \frac{1}{E}[\sigma_z - \mu(\sigma_x + \sigma_y)] = (1-2\mu k)\frac{\sigma_z}{E} \tag{3-22}$$

由此得到黏弹性车辙板式试件的竖直应变为：

$$\varepsilon(t) = (1-2\mu k)\left[\sigma_0 J(t) + \int_0^t J(t-\tau)\frac{\mathrm{d}\sigma(\tau)}{\mathrm{d}\tau}\mathrm{d}\tau\right] \tag{3-23}$$

2）板式试件应力分布规律的分析

根据以上计算可以看出，确定出板式试件在 z 方向的应力分布之后可以沿厚度方向进行积分计算，得到试件表面的高温变形 $\delta(t)$。

对于试件 z 方向的应力分布，应力分布扩散角法假定沥青混合料板式试件的扩散角为45°。因此对于矩形试件得到其应力分布公式为：

$$\sigma_{\mathrm{h}} = \frac{ab\sigma_0}{(a+2h\tan\theta)(b+2h\tan\theta)} \tag{3-24}$$

式中：a——车辙碾压轮宽，此处取50mm；

b——碾轮行进长度,此处取 210mm;

θ——沥青混合料扩散角,此处取 45°。

但作为较薄的板式试件而言,扩散角应力分布理论的适用性有待验证。因此,本文采用有限差分方法对板式试件的竖向应力分布规律进行对比研究,得出竖直应力 σ_z 随深度的变化规律。本文中计算采用 FLAC3D 3.0 来实现。

本文采用的计算参数见表 3-7。

车辙板应力分布计算参数 表 3-7

材料	弹性模量(MPa)	泊松比	密度(g/cm³)
沥青混合料	208	0.48	2.40

所建立的有限差分模型如图 3-16 所示,对试件侧面施加水平位移约束,在试件底面施加竖直和水平位移约束。在试件中心施加试验应力 $p = 0.7$MPa。不同方法车辙板应力计算结果见表 3-8。

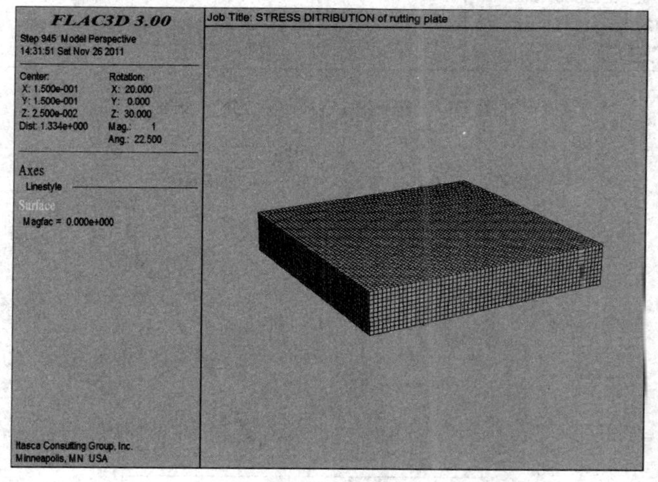

图 3-16 车辙板试件模型

不同方法车辙板应力计算结果 表 3-8

试件竖向位置(mm)	扩散角法(MPa)	有限差分法(MPa)	试件竖向位置(mm)	扩散角法(MPa)	有限差分法(MPa)
0	0.700	0.700	30	0.082	0.559
5	0.395	0.696	40	0.056	0.504
10	0.256	0.681	45	0.047	0.477
20	0.134	0.623			

观察图 3-17 可以看出,采用有限差分法计算的竖直压应力和采用扩散角法计算出的竖直压应力具有较大的差距,而且采用有限差分法计算出的竖直应力近似

于直线分布，这主要是由于板式试件厚度较小引起的。对有限差分法计算得到的应力分布情况进行直线拟合得出应力随深度变化的关系式（图 3-18）。

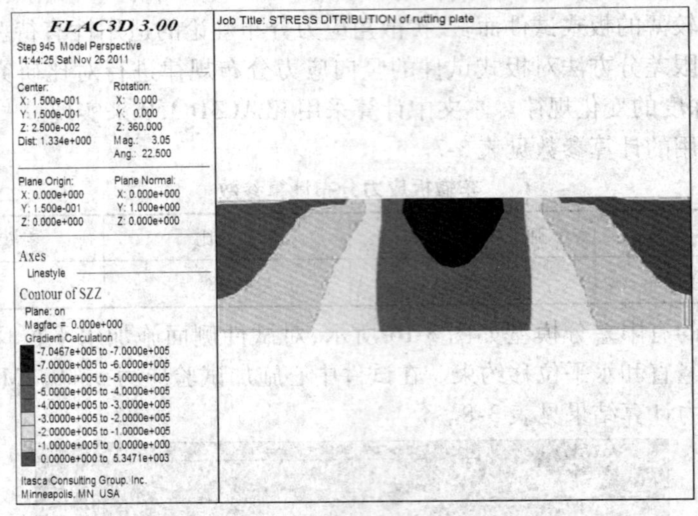

图 3-17　车辙板试件压应力分布云图

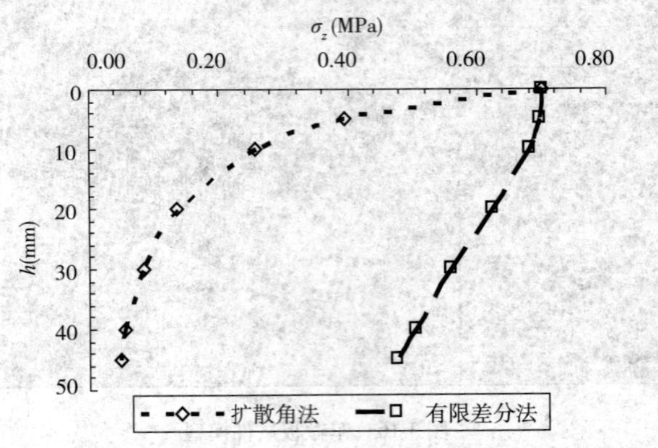

图 3-18　不同方法计算的应力随深度变化规律

$$\sigma_z = -0.00536h + 0.72 \tag{3-25}$$

3）板式试件高温变形公式的建立

对于车辙试验，荷载形式大多采用矩形波。参照黏弹性材料在循环应力作用下的变形原理，循环应力的形式如图 3-19 所示。

在第一个周期内（$0 < t < T$），将次周期内时间分为以下两段：

①当 $0 < t < t_0$ 时，$\sigma = \sigma_0 H(t)$，模型产生的应变响应为：

$$\varepsilon(t) = (1 - 2\mu k)\sigma_0\left[\frac{1}{E_1} + \frac{t}{\eta_1} + \frac{1}{E_2}(1 - e^{-\frac{t}{\tau}})\right] \tag{3-26}$$

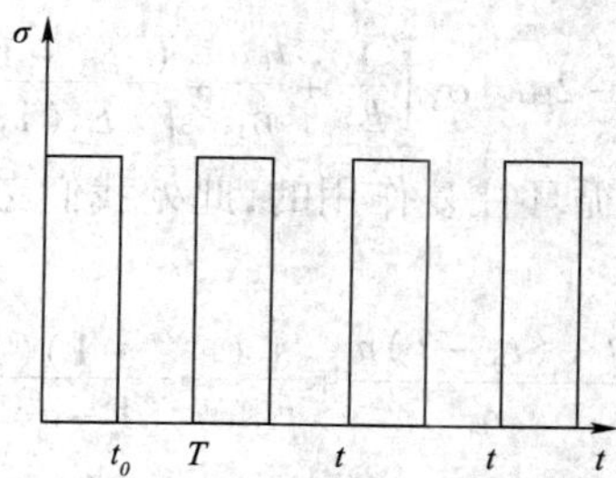

图 3-19　荷载随时间变化规律

②当 $t_0<t<T$ 时，$\sigma=0$，则有：

$$\sigma_0 J(t)+\int_0^t J(t-\tau)\frac{\mathrm{d}\sigma(\tau)}{\mathrm{d}\tau}\mathrm{d}\tau$$

$$=\sigma_0 J(t)+\int_0^{t_0} J(t-\tau)\frac{\mathrm{d}\sigma(\tau)}{\mathrm{d}\tau}\mathrm{d}\tau+\int_{t_0}^t J(t-\tau)\frac{\mathrm{d}\sigma(\tau)}{\mathrm{d}\tau}\mathrm{d}\tau \tag{3-27}$$

$$\sigma_0 J(t)+\int_0^{t_0} J(t-\tau)\frac{\mathrm{d}\sigma(\tau)}{\mathrm{d}\tau}\mathrm{d}\tau$$

$$=\sigma_0 J(t)+J(t-\tau)\sigma(\tau)\Big|_0^{t_0}-\int_0^{t_0}\sigma(\tau)\mathrm{d}J(t-\tau)$$

$$=\sigma_0 J(t)+J(t-t_0)\sigma(t_0)-J(t)\sigma(0)-\int_0^{t_0}\sigma(\tau)\mathrm{d}J(t-\tau)$$

$$=\sigma(t_0)J(t) \tag{3-28}$$

$$\int_{t_0}^t J(t-\tau)\frac{\mathrm{d}\sigma(\tau)}{\mathrm{d}\tau}\mathrm{d}\tau$$

$$=J(t-\tau)\sigma(\tau)\Big|_{t_0}^t-\int_{t_0}^t\sigma(\tau)\mathrm{d}J(t-\tau)$$

$$=J(0)\sigma(t)-J(t-t_0)\sigma(t_0)$$

$$=-J(t-t_0)\sigma(t_0) \tag{3-29}$$

由以上 3 式可以得到：

$$\sigma_0 J(t)+\int_0^t J(t-\tau)\frac{\mathrm{d}\sigma(\tau)}{\mathrm{d}\tau}\mathrm{d}\tau=\sigma(t_0)J(t)-J(t-t_0)\sigma(t_0) \tag{3-30}$$

由此可以得到：

$$\varepsilon(t)=(1-2\mu k)[\sigma(t_0)J(t)-J(t-t_0)\sigma(t_0)] \tag{3-31}$$

由上式可以看出当 $t_0<t<T$ 时，应变分为荷载作用时产生的应变和卸载后产生的回复应变。因此，不难得出 $t=nT^-$ 和 $t=nT^+$ 时刻的应变为：

$$\varepsilon(nT^-)=(1-2\mu k)\left[\frac{\sigma_0}{\eta_1}t_0 n+\frac{\sigma_0(e^{t_0/\tau}-1)(1-e^{nT/\tau})}{E_2(1-e^{T/\tau})e^{t/\tau}}\right] \tag{3-32}$$

$$\varepsilon(nT^{+})=(1-2\mu k)\sigma_0\left[\frac{1}{E_1}+\frac{t_0 n}{\eta_1}+\frac{(e^{t_0/\tau}-1)(1-e^{nT/\tau})}{E_2(1-e^{T/\tau})e^{t/\tau}}\right] \tag{3-33}$$

在车辙试验中,轮载是循环往复作用的,此处我们考虑荷载有效作用时间内的蠕变公式为:

$$\begin{aligned}\varepsilon(t)&=(1-2\mu k)\sigma_0\left[\frac{1}{E_1}+\frac{t+(t_0-T)n}{\eta_1}+\frac{1}{E_2}\frac{(e^{t_0/\tau}-1)(1-e^{nT/\tau})}{(1-e^{T/\tau})e^{t/\tau}}+(1-e^{(nT-t)/\tau})\right]\\&=(1-2\mu k)\sigma_0\left[\frac{1}{E_1}+\frac{t_0 t}{\eta_1 T}+\frac{1}{E_2}\frac{(e^{t_0/\tau}-1)(1-e^{t/\tau})}{(1-e^{T/\tau})e^{t/\tau}}\right]\end{aligned} \tag{3-34}$$

不难得到其蠕变柔量为:

$$J(t)=\frac{1}{E_1}+\frac{t_0 t}{\eta_1 T}+\frac{1}{E_2}\left[\frac{(e^{t_0/\tau}-1)(1-e^{t/\tau})}{(1-e^{T/\tau})e^{t/\tau}}\right] \tag{3-35}$$

对于沥青混合料车辙板式试件而言,若将车辙板沿高度方向分为 n 层,每层厚度为 Δz,则有:

$$\varepsilon(h,t)=(1-2\mu k)(-0.00536h+0.72)J(t) \tag{3-36}$$

最后得到车辙板式试件的蠕变变形为:

$$\begin{aligned}\delta&=\int_0^h\varepsilon(h,t)\,\mathrm{d}z\\&=(1-2\mu k)J(t)\int_0^h(-0.00536h+0.72)\,\mathrm{d}z\\&=(-0.00268h^2+0.72h)(1-2\mu k)J(t)\end{aligned} \tag{3-37}$$

3.5.2 沥青混凝土高温抗车辙性能试验研究

1)高温稳定性评定方法

沥青混合料的高温稳定性一般通过车辙试验进行定量评价。车辙试验是试件在规定温度及荷载条件下,测定试验轮往返行走所形成的车辙变性速率,以每产生1mm 变形的行走次数即动稳定度表示。它源于英国 TRRL,现在已成为了世界大多数国家的通用实验。

本文采用我国现行的车辙试验方法对密级配沥青混凝土的高温稳定性进行测试。车辙试件通过碾压成型机成型,试件尺寸为 30cm × 30cm × 5cm,试验轮行程为 23cm ± 1cm,行走速度为(42 ± 1)次/min。试验轮行走方向与试件碾压成型方向一致。试验温度为 60℃,试验前车辙试件在恒温环境箱中保温 6h 以上。

一般采用动稳定度作为沥青混凝土高温稳定性的评价指标,计算方法如下:

$$\mathrm{DS}=\frac{(t_2-t_1)\times N}{d_2-d_1}\times C_1\times C_2 \tag{3-38}$$

式中:DS——沥青混合料动稳定(次/mm);

d_2——对应时间 t_2（一般为 60min）的变形量（mm）；

d_1——对应时间 t_1（一般为 45min）的变形量（mm）；

C_1——试验机类型修正系数，一般为 1.0；

C_2——试件系数，对于试验室制备的宽为 300mm 的试件为 1.0；

N——试验机往返碾压速度，通常取（42 ± 1）次/min。

2）车辙实验测试

车辙试验过程如图 3-20 所示。

试验轮往复碾压 1h 后，结束试验。车辙板表面位移—时间曲线如图 3-21 所示。

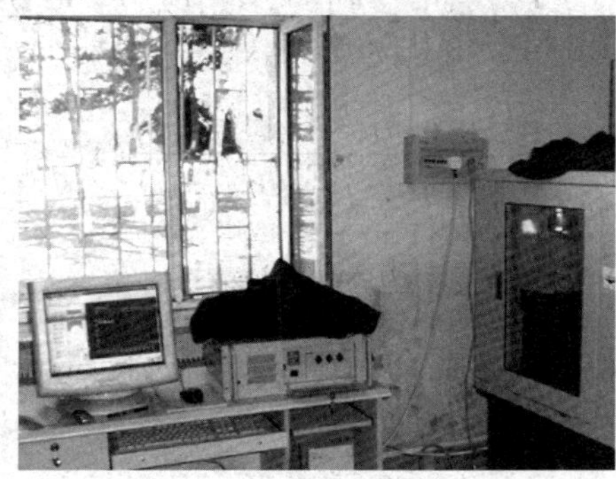

图 3-20 车辙试验测试

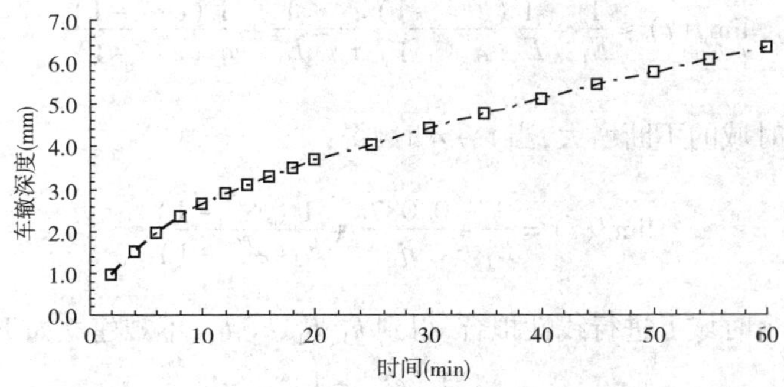

图 3-21 车辙变形—时间变化规律

完成车辙试验后对试验数据进行分析，利用式（3-38）计算出动稳定度（DS），列于表 3-9 中。

AC－13 车辙试验结果 表 3-9

级配类型	动稳定度（次/mm）	永久变形（mm）
AC－13	843	6.33

3）车辙板试件黏弹性参数的获取

根据我国《公路工程沥青及沥青混合料试验规程》（JTG 052—2000）的相关规

定，车辙试验车轮的宽度为 50mm，轮迹有效面积为 0.001m^2，试验轮行程为 230mm，胶轮行走过程中所压的面积 = 轮行走的距离 × 轮宽 = 230mm × 50mm = 0.0115m^2，又由有效作用时间和有效作用面积之间的关系，即：有效作用系数 = 有效作用面积/车轮一次作用面积 = 有效作用时间/车轮行走一次作用时间 = 0.001m^2/0.0115m^2 = 0.087。室内标准车辙实验条件下（60℃，0.7MPa，42 次/min），轮载循环作用一次的时间：$T = 1.494$s，轮载在某点作用一次的时间：$t_0 = 0.13$s。

则有：

$$J(t) = \frac{1}{E_1} + \frac{t_0 t}{\eta_1 T} + \frac{1}{E_1}\left[\frac{(e^{t_0/\tau} - 1)(1 - e^{t/\tau})}{(1 - e^{T/\tau})e^{t/\tau}}\right]$$

$$= \frac{1}{E_1} + \frac{0.087t}{\eta_1} + \frac{1\ (e^{t_0/\tau} - 1)}{E_1(e^{T/\tau} - 1)}(1 - e^{-t/\tau}) \quad (3\text{-}39)$$

$$\lim_{t \to 0}\left(\frac{1 - e^{-t/\tau}}{t}\right) = \frac{1}{\tau} \quad (3\text{-}40)$$

因此，在蠕变刚刚开始的较小时域内，有：

$$1 - e^{-t/\tau} \approx \frac{t}{\tau} \quad (3\text{-}41)$$

$$\lim_{t \to 0} J(t) \approx \frac{1}{E_1} + \frac{1\ (e^{t_0/\tau} - 1)}{E_2(e^{T/\tau} - 1)}\frac{t}{\tau} = \frac{1}{E_1} + \frac{1\ (e^{t_0/\tau} - 1)}{\eta_2(e^{T/\tau} - 1)}t \quad (3\text{-}42)$$

随着蠕变时域的不断增大，当 $t \to \infty$ 时，得：

$$\lim_{t \to \infty} J(t) = \frac{1}{E_1} + \frac{0.087t}{\eta_1} + \frac{1\ (e^{t_0/\tau} - 1)}{E_2(e^{T/\tau} - 1)} \quad (3\text{-}43)$$

因此在两个时域上进行线性拟合，得到 k_1、b_1、k_2、b_2，不难建立如下关系式：

$$k_1 = \frac{1\ (e^{t_0/\tau} - 1)}{\eta_2(e^{T/\tau} - 1)} \quad (3\text{-}44)$$

$$b_1 = \frac{1}{E_1} \quad (3\text{-}45)$$

$$k_2 = \frac{0.087}{\eta_1} \quad (3\text{-}46)$$

$$b_2 = \frac{1}{E_1} + \frac{1\ (e^{t_0/\tau} - 1)}{E_2(e^{T/\tau} - 1)} \quad (3\text{-}47)$$

在 60℃时，对于沥青混合料的泊松比此处参照试验规程取 $\mu = 0.48$；通过线性回归分析就可以得出 Burgers 模型的 4 个黏弹性参数。拟合过程如图 3-22、图 3-23 所示。

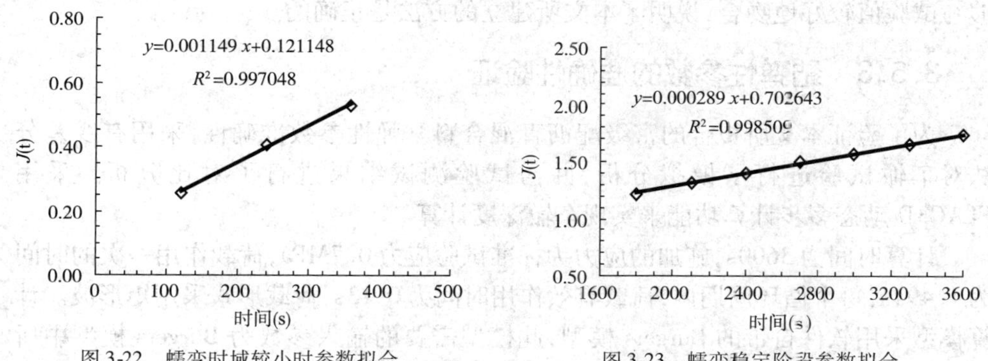

图 3-22　蠕变时域较小时参数拟合　　图 3-23　蠕变稳定阶段参数拟合

由以上两段时域的线性拟合可以得到两条直线的斜率和截距，如表 3-10 所示。通过求解线性方程组便可求的 4 个黏弹性参数，如表 3-11 所示。

线性拟合结果　　表 3-10

k_1	b_1	k_2	b_2
0.001149	0.121148	0.000289	0.702643

Burgers 模型拟合结果　　表 3-11

E_1(MPa)	η_1(MPa·s)	E_2(MPa)	η_2(MPa·s)
8.25	301.04	0.15	75.63

参数拟合效果如图 3-24 所示。

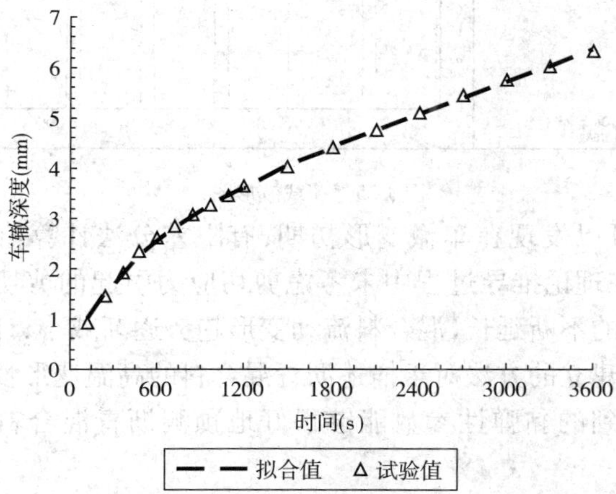

图 3-24　黏弹性参数拟合效果

通过观察图 3-24 可以发现，通过上述拟合，可以运用 BURGERS 模型来描述沥青混合料的高温车辙变形特征，同时发现运用本文方法拟合得到的黏弹性参数能够与试验值较好地吻合,说明了本文所建立的方法是正确的。

3.5.3 黏弹性参数的准确性验证

为了验证本文所拟合的密级配沥青混合料黏弹性参数准确性,采用有线差分法对车辙试验进行了模拟分析,并与试验测试结果进行了对比分析。采用FLAC3D动态多步计算功能来实现车辙深度计算。

计算时间为3600s,施加的应力为标准试验应力0.7MPa,荷载作用一次的时间为1.494s,每个循环周期内,荷载有效作用时间为0.13s,荷载形式采用矩形波。计算模型采用软件自带的Burgers模型,此模型需要的输入参数为Burgers模型中所示的4个黏弹性参数,同时,还要指定材料的体积模量。本书计算中取体积模量为模型的瞬时弹性模量。荷载波形如图3-25所示。

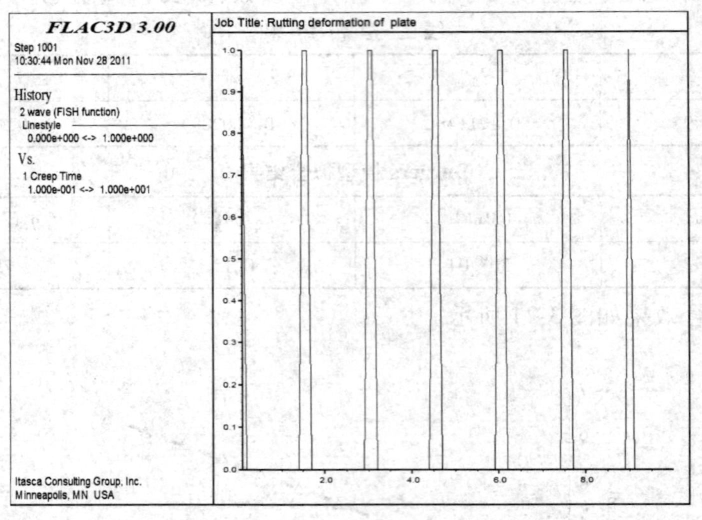

图3-25 荷载波形图

观察图3-26可以发现在车辙变形初期,有限差分法计算值与试验值相比偏低,这主要是由于在理论推导过程中未考虑剪切应力引起的剪切流动变形所引起的。随着试验时间的不断延长,混合料流动变形趋势逐渐减小,计算值逐渐逼近试验值。说明本文所建立的方法对于描述沥青混合料的高温变形性能是适用的。运用本文方法计算得到的黏弹性参数能够很好地预测沥青混合料的高温车辙变形性能。

影响沥青路面抗车辙性能因素很多,归结起来可分为沥青路面结构和沥青混凝土本身内在因素以及气候和交通量及交通组成等的外界因素,对影响沥青路面车辙变形的各种因素进行归纳分析,如图3-27所示。

车辙深度(mm)
7
6
5
4
3
2
1
0
0
600
1200
1800
2400
3000
3600
时间(s)
试验值
计算值

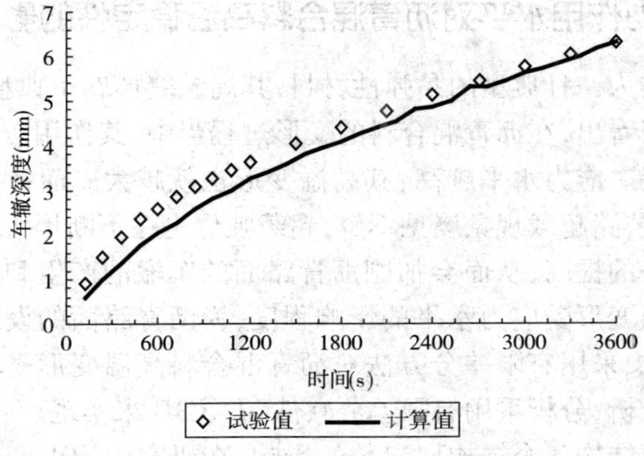

图 3-26　模拟结果对比验证

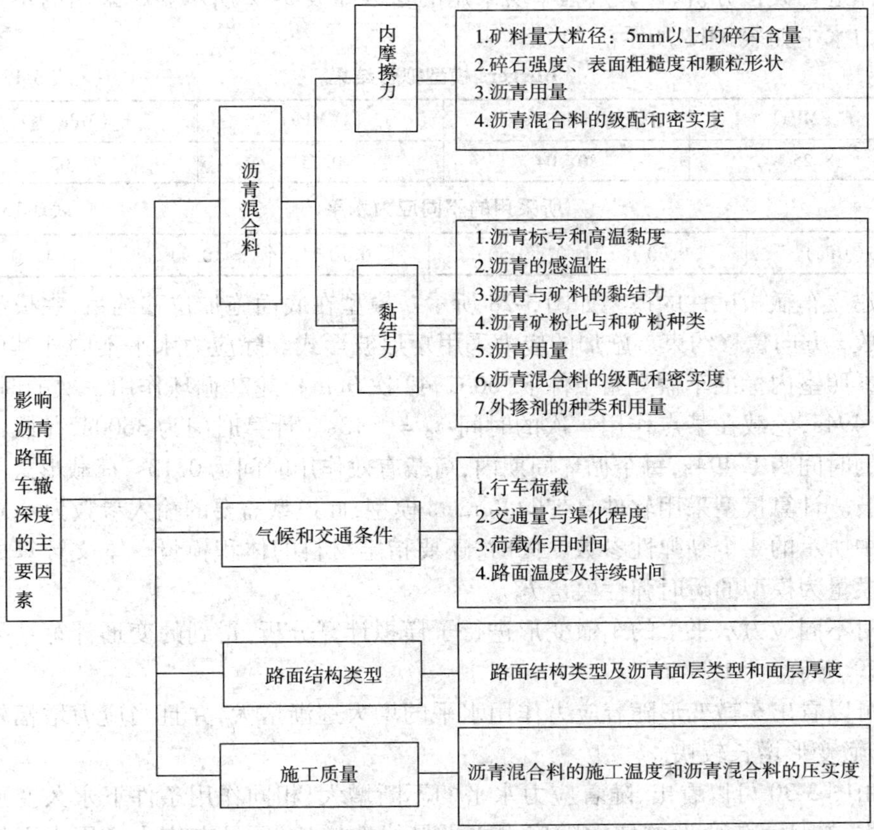

影响沥青路面车辙深度的主要因素
沥青混合料
内摩擦力
1.矿料量大粒径：5mm以上的碎石含量
2.碎石强度、表面粗糙度和颗粒形状
3.沥青用量
4.沥青混合料的级配和密实度
黏结力
1.沥青标号和高温黏度
2.沥青的感温性
3.沥青与矿料的黏结力
4.沥青矿粉比与和矿粉种类
5.沥青用量
6.沥青混合料的级配和密实度
7.外掺剂的种类和用量
气候和交通条件
1.行车荷载
2.交通量与渠化程度
3.荷载作用时间
4.路面温度及持续时间
路面结构类型
路面结构类型及沥青面层类型和面层厚度
施工质量
沥青混合料的施工温度和沥青混合料的压实度

图 3-27　影响沥青路面车辙变形的因素

3.5.4 应力作用水平对沥青混合料高温稳定性的影响

沥青混合料作为一种典型的黏弹性材料，其高温变形属于典型的黏弹性变形。由其本构方程可以看出，在沥青混合料的变形过程当中，其作用应力水平的大小将会影响变形的发展。应力水平越高，其高温变形也就越大。而针对我国目前的工程实际状况，高速公路超载现象屡见不鲜，超载吨位也在不断增大。超载必将引起路面所受应力水平的提高，从而会加剧沥青路面的车辙的产生和发展。为了定量分析沥青路面高温变形受应力水平的影响程度，为沥青路面的设计和使用提供合理的参考依据，本文采用有限差分方法对沥青混合料高温变形受不同应力的影响程度进行了模拟分析，分析采用有限差分软件 FLAC3D 来实现。

为了消除路面结构各个结构层参数的影响，在研究中均以沥青混合料车辙板作为研究对象。参照前面相关研究结论，对密级配沥青混凝土的高温车辙变性发展规律进行模拟分析，计算过程中所采用的参数如表 3-12 所示。所采用的不同作用应力水平如表 3-13 所示。

Burgers 模型拟合结果 表 3-12

E_1(MPa)	η_1(MPa·s)	E_2(MPa)	η_2(MPa·s)
8.25	301.04	0.15	75.63

所采用的不同应力水平 表 3-13

σ(MPa)	0.30	0.50	0.70	0.90	1.10

建立车辙板试件的模型如图 3-28 所示。模型在底面施加位移约束，在模型四周释放 z 方向位移约束。施加的应力采用矩形波形式。除应力水平不同外其他条件均参照室内标准车辙实验条件下(60℃，42 次/min)，轮载循环作用一次的时间：$T = 1.494$s，轮载在某点作用一次的时间：$t_0 = 0.13$s。计算时间为 3600s，荷载作用一次的时间为 1.494s，每个循环周期内，荷载有效作用时间为 0.13s，荷载形式采用矩形波。计算模型采用软件自带的 Burgers 模型，此模型需要的输入参数为 Burgers 模型中所示的 4 个黏弹性参数。同时，还要指定材料的体积模量。本文计算中取体积模量为模型的瞬时弹性模量 E_1。

对不同应力水平下的车辙变形进行了模拟计算分析，得到的变形计算结果如图 3-29 所示。

可以看出车辙变形随着应力作用水平的增大逐渐增大，并且当应力增幅较大时，车辙变形增长较快。

由图 3-30 可以看出，随着应力水平的不断增大，相同作用条件下永久变形逐渐增大，并且永久变形的增大随应力水平呈线性增长，可见在应力作用水平较高时，在较短的作用时间内，沥青混合料的车辙深度就会达到很大的值。因此，我们可以得出结论,超载情况下,沥青混合料的车辙深度会远远大于正常使用情况下的永久变形值。可见控制车辆荷载吨位对减小沥青混合料的车辙深度,减小沥青路面由于超载产生的辙槽病害,从而延长沥青路面的使用寿命。

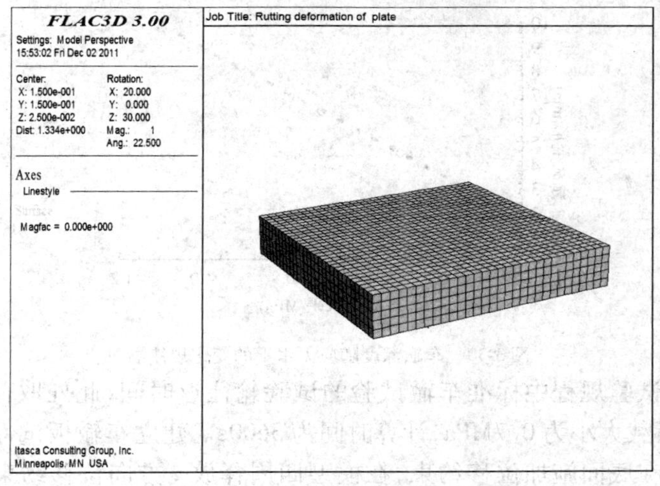

图 3-28 车辙板计算模型

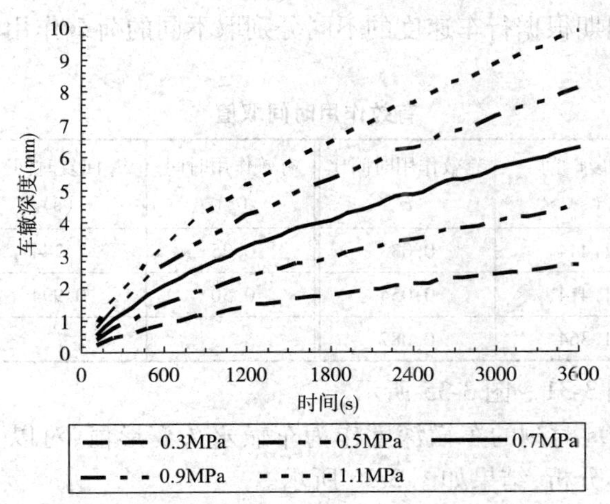

图 3-29 不同应力水平下车辙深度变化规律对比

3.5.5 荷载有效作用时间对车辙变形的影响

在沥青路面的使用过程当中,不同等级的道路设计行车速度也是不同的,高等级道路的设计时速较高,低等级的道路相对较低。设计等级的不同导致了不同的行车速度。不同的行车速度导致车辆荷载作用时间的不同,一般设计速度 80km/h 的沥青路面的行车频率所对应荷载作用频率约为 10Hz。车辆荷载作用时间为

0.1s,这与车辙试验的荷载作用频率大致相当。为了分析荷载有效作用时间对沥青混合料高温车辙变形的影响规律,分别针对不同的荷载有效作用时间对沥青混合料的车辙变形进行分析。

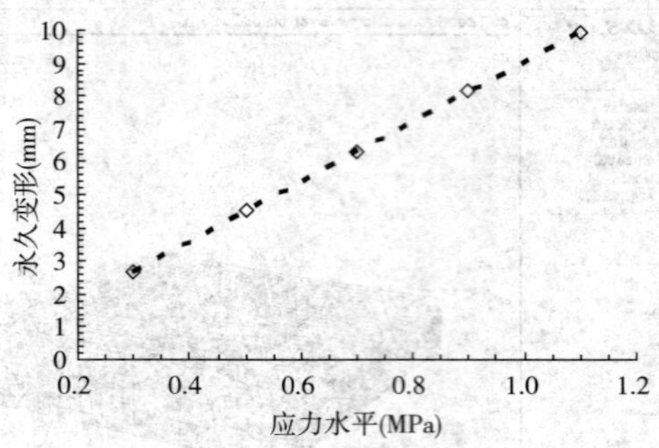

图 3-30 车辙深度随应力水平的变化规律

参照现有试验规程中标准车辙试验的试验轮往返时间,此处取荷载周期 $T=1.494s$,作用荷载大小为 0.7MPa,计算时间为 3600s。建立车辙板试件的模型如前面所示。模型在底面施加位移约束,在模型四周释放 z 方向位移约束。施加的应力采用矩形波形式。除荷载有效作用时间不同外,其他条件均参照室内标准车辙试验条件。每个周期根据行车速度的不同分别取不同的荷载作用时间。具体的取值如表 3-14 所示。

有效作用时间取值 表 3-14

有效作用时间(s)	回复时间(s)	有效作用时间比 α	有效作用时间(s)	回复时间(s)	有效作用时间比 α
0.05	1.444	0.033	0.25	1.244	0.167
0.08	1.414	0.054	0.50	0.994	0.335
0.13	1.364	0.087			

荷载波形如图 3-31 ~ 图 3-35 所示。

此处采用 3600s 时刻的车辙深度作为车辙永久变形值,对以上不同的有效作用时间进行了计算分析,结果如图 3-36 所示。

通过观察图 3-36 可以看出,随着荷载有效作用时间的增加,车辙变形逐渐增大,在有效荷载作用时间较小时(即荷载作用频率较高时),沥青混合料的车辙变形增长速度较小,当荷载有效作用时间达到一定的量值,沥青混合料的车辙变形迅速增大。同时,也意味着随着荷载作用频率的增大,车辙变形逐渐减小。从而说明,车辆行驶速度的提高有利于减小沥青混合料的车辙变形。

此外,对沥青混合料的永久变形随荷载有效作用时间的变化规律进行了研究分析,如图 3-37 所示。

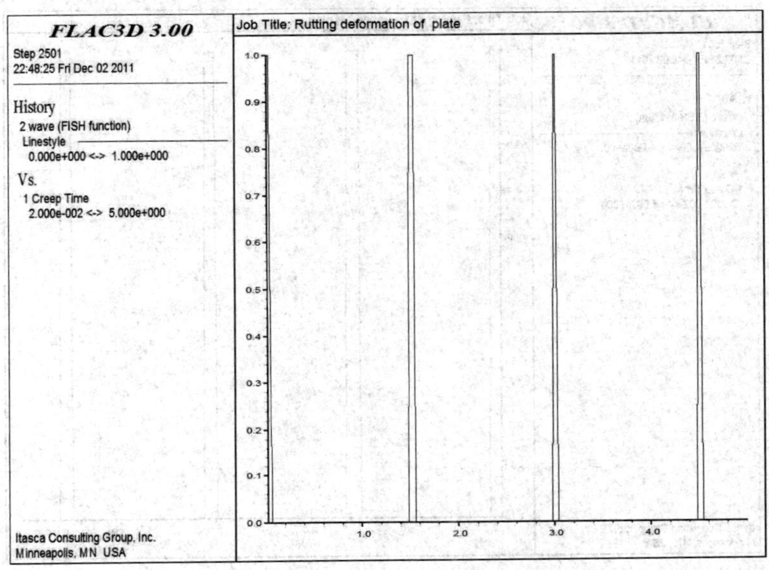

图 3-31　有效作用时间 0.05s

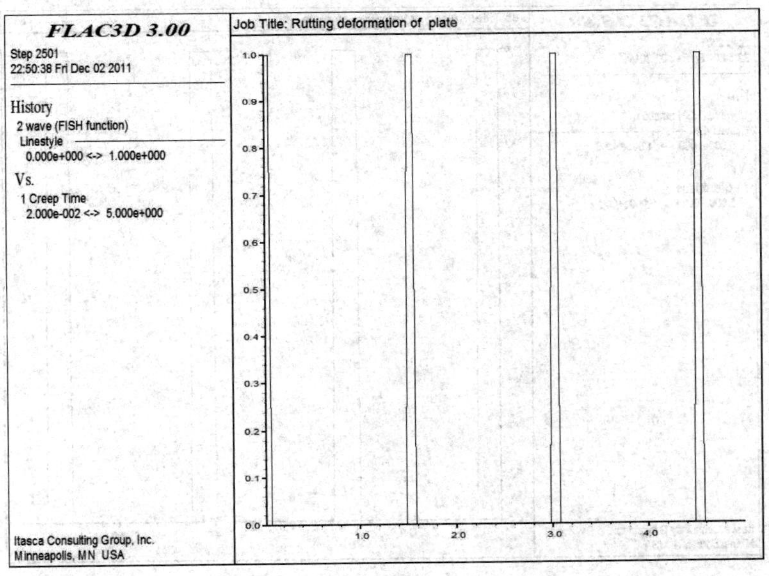

图 3-32　有效作用时间 0.08s

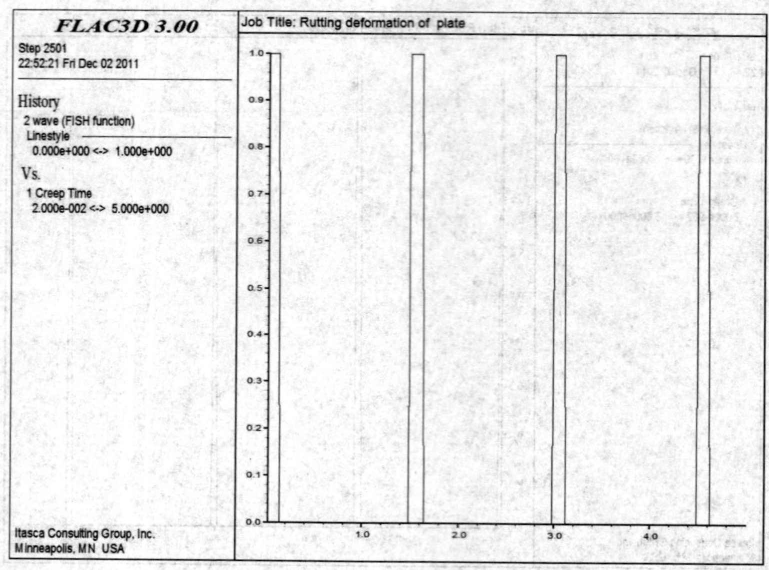

图 3-33　有效作用时间 0.13s

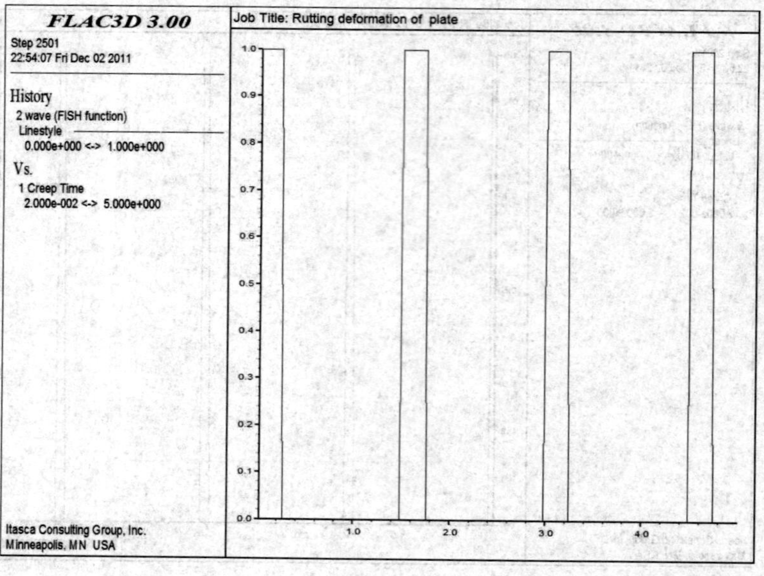

图 3-34　有效作用时间 0.25s

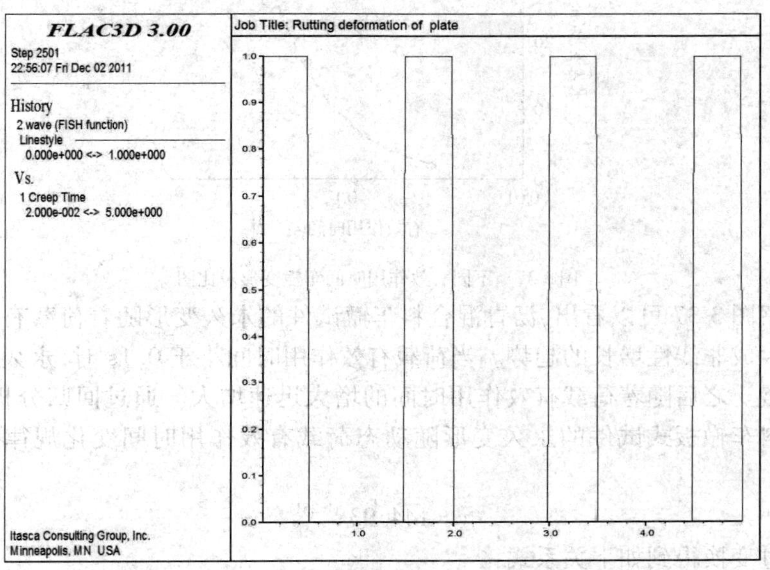

图 3-35　有效作用时间 0.50s

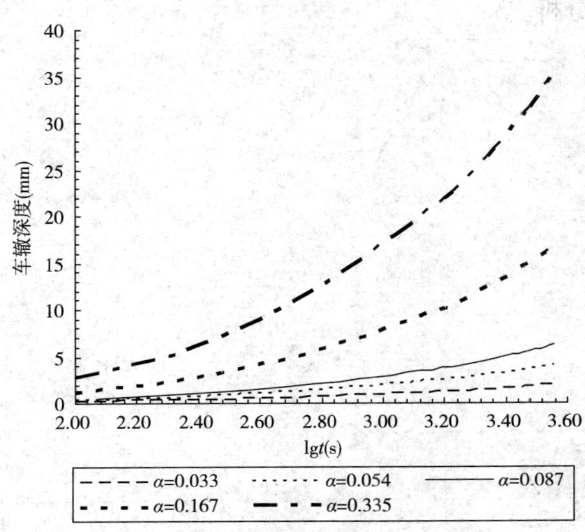

图 3-36　不同有效作用时间车辙变形对比图

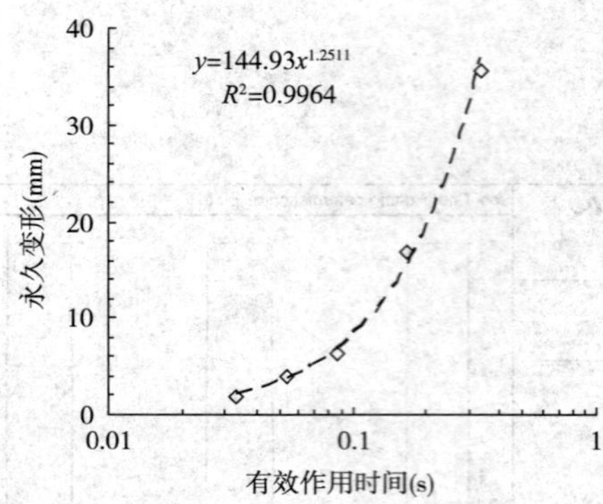

图 3-37　不同有效作用时间车辙变形对比图

观察图 3-37 可以看出,沥青混合料车辙试件的永久变形随着荷载有效作用时间的增大成非线性增长的趋势。当荷载有效作用时间小于 0.1s 时,永久变形增加较为缓慢。之后随着荷载有效作用时间的增大迅速增大。通过回归分析,得到沥青混合料车辙板式试件的永久变形随动态荷载有效作用时间变化规律的关系式如下:

$$y = 144.93x^{1.2511} \tag{3-48}$$

经过变换得到如下关系式:

$$\delta_{permanent} = 144.935_{eff}^{1.2511} \tag{3-49}$$

沥青混合料的高温车辙变形除与荷载大小和荷载作用时间有关外,道路结构参数的影响也是不可忽略的。因此,有必要对结构参数对沥青混合料高温稳定性的影响程度进行分析。

4 车辙预估模型

4.1 现有的车辙预估计算方法

车辙预测方法大致可分为三类：一是理论分析法；二是理论分析加经验方法；三是统计分析法。经验法和统计分析法都需要大量的实际路面车辙观测数据，而车辙一般都需要几年甚至十几年才能形成。

4.1.1 统计法

通过对沥青混合料进行三轴试验，建立沥青层的永久变形同荷载及材料特性之间的统计关系，在此基础上，结合路面应力分析和有关的材料性能试验，确定沥青混凝土面层在荷载作用下产生的车辙，统计法所建立的车辙预估公式如下：

$$\lg\varepsilon_p = C_0 + C_1\lg N \tag{4-1}$$

式中：ε_p——沥青混合料竖向永久应变；

C_0、C_1——沥青混合料特性及受力状况参数；

N——重复加载作用次数。

4.1.2 理论统计法

采用弹性层状体系理论或黏弹性层状体系理论求解路面的应力与位移，再结合室内外相关试验测试，统计出沥青层的永久变形同路表弯沉材料特性参数及荷载之间的经验关系式，式(4-2)为 Jacob Vzan 按照理论统计法提出的预估模型。

$$\mathrm{RD} = \frac{\alpha_1}{W(1+\alpha_2)}\delta N^{1+\alpha_2} \tag{4-2}$$

式中：RD——沥青面层永久变形；

W——路表弯沉系数；

δ——在双轮动荷载作用下的路面弯沉；

N——荷载作用次数；

α_1、α_2——沥青路面材料及结构尺寸参数。

我国在进行混合料抗车辙性能的研究中，通过对大量试验数据的统计分析，采用理论统计法建立了指数型的车辙预估模型：

$$\Delta H = 14.1187 t^{0.222463} \frac{K^{0.691934}}{\mathrm{DS}^{0.463839}} \tag{4-3}$$

式中:ΔH——试件厚度减薄量;

t——累计荷载作用时间;

K——沥青混合料流动动力参数;

DS——沥青的动稳定度。

显著性检验表明,式中三个参数对车辙变形的影响都十分显著,尤其以沥青混合料流动动力参数 K 最为显著。此处:

$$K = \int_0^H \tau_1 / \sigma_{\mathrm{m}} \mathrm{d}Z \tag{4-4}$$

式中:H——圆柱面高度;

τ_1——剪切应力强度,其值为:$\tau_1 = 1/\sqrt{6}[(\sigma_1 - \sigma_2)^2 + (\sigma_2 - \sigma_3)^2 + (\sigma_3 - \sigma_1)^2]^{\frac{1}{2}}$;

Z——柱坐标;

σ_{m}——结构平均应力,其值为:$\sigma_{\mathrm{m}} = 1/3(\sigma_1 + \sigma_2 + \sigma_3)$。

4.1.3 理论法

由于统计法和理论统计法都需要大量的实际路面车辙观测数据,而车辙一般都需要几年至几十年才能形成,因此目前世界上车辙预测方法仍以理论法为主流。理论法是利用弹性或黏弹性层状体系理论计算路面内应力分布,并根据路面材料永久变形同应力之间的关系,求得沥青面层永久变形。理论分析法主要包括层应变方法和黏弹性方法。

1)层应变法

根据弹性层状体系理论预估沥青层的永久变形,在国际上最有影响的是壳牌方法。壳牌车辙预估方法是在大量蠕变试验、轮迹试验和一系列假设的基础上建立起来的。其有关假设为:

①沥青混合料的变形是由于相邻集料间的滑移所形成的。

②由蠕变实验测定的沥青混合料动弹模量与沥青劲度模量的关系,等于反映沥青混合料永久变形特征的黏滞劲度模量与反映沥青永久变形特性的沥青黏滞劲度模量的关系。

考虑到荷载动态与静态对路面作用的差异,提出了车辙计算的动态修正系数,永久变形的预估模型如下式:

$$\Delta h = C_m \sum_{i=1}^{n} \frac{(\sigma_{\mathrm{av}})_i}{(S_{\mathrm{mix},\eta})_i} h_i \tag{4-5}$$

式中:Δh——沥青层永久变形;

C_m——动态修正系数,根据沥青混合料的类型而定,从密实式到开级配,其值为 1.0 ~ 2.0；

$(\sigma_{av})_i$——第 i 层平均压应力；

$(S_{mix,\eta})_i$——第 i 层沥青混合料的黏滞劲度；

h_i——沥青层第 i 区层厚度。

各区层的平均应力 $(\sigma_{av})_i$ 可以根据轮胎与路面的接触应力确定：

$$(\sigma_{av})_i = Z\sigma_0 \tag{4-6}$$

Z 为在给定条件下相对变形 δ/w 与在无约束条件下的相对变形之比：

$$Z = \frac{\delta/h}{\sigma_0/E}\left(\frac{\delta E/h}{\sigma_0} = \frac{\sigma_{av}}{\sigma_0}\right) \tag{4-7}$$

大量的沥青混合料蠕变试验和多种室内车辙试验表明，量测值略高于计算值。静载试验时，矿料不参与黏滞变形，而在动载条件下却会引起较大变形。

2）黏弹性法

黏弹性法属于美国联邦公路局提出的车辙预测法，它除了考虑应力外，还考虑了加荷时间、温度和湿度的影响。即：

$$\varepsilon_p = f(\sigma, t, T, M) \tag{4-8}$$

总永久应变为：

$$\varepsilon_p = \int_0^n F(N)\varepsilon_r \mathrm{d}N \tag{4-9}$$

$$F(N) = \mu N^{\alpha}$$

$$\mu = \frac{Is}{\varepsilon_r}, \alpha = I - s \tag{4-10}$$

I、s 分别为 $\varepsilon_p \sim N$ 曲线的截距和斜率，ε_r 为相对回弹弯沉。

我国在研究半刚性基层沥青路面的车辙问题中，以黏弹性层状体系理论为基础，采用拉普拉斯变换中的极大值和极小值解法，结合室内试验和现场测量结果，提出了一种路面车辙梁的简单可行方法。

$$R_{ut} = W(\infty) - W(0) \tag{4-11}$$

式中：$W(\infty)$——加载时的总变形，其计算公式为：

$$W(\infty) = -\frac{1+\mu_1}{E_1(0)}\int_0^{\infty} J_0(\zeta r)\{e^{\xi z}[Z\overline{C_i} - (1-2\mu_1-\xi_z)\overline{A_i}] - e^{\xi z}[2\overline{D_i} - (1-2\mu_i-\xi_z)\overline{B_i}]\}\mathrm{d}\xi$$

$W(0)$——卸载时的回弹变形，其计算公式为：

$$W(0) = -\frac{1+\mu_1}{E_1(\infty)}\int_0^{\infty} J_0(\varepsilon r)\{e^{\xi z}[Z\overline{C_i} - (1-2\mu_1-\xi_z)\overline{A_i}] - e^{\xi z}[2\overline{D_i} - (1-2\mu_i-\xi_z)\overline{B_i}]\}\mathrm{d}\xi$$

$J_0(\xi r)$——第一类零阶贝赛尔函数;

其中积分常数$\overline{A_i}$、$\overline{B_i}$、$\overline{C_i}$、$\overline{D_i}$需由边界条件和层间连续条件确定。

4.2 沥青混合料车辙预估模型的建立

4.2.1 荷载作用次数对车辙深度影响分析

随着荷载作用次数的增加,车辙深度不断增大,但增加速率越来越慢,这是因为在荷载作用下沥青混合料存在硬化现象,车辙深度与荷载作用次数呈较好的乘幂关系,两种混合料的相关系数分别达到 0.9969 和 0.9952,因此车辙深度与荷载作用次数的关系可以表示为式(4-12)和图 4-1。

$$\mathrm{RD} = aN^b \tag{4-12}$$

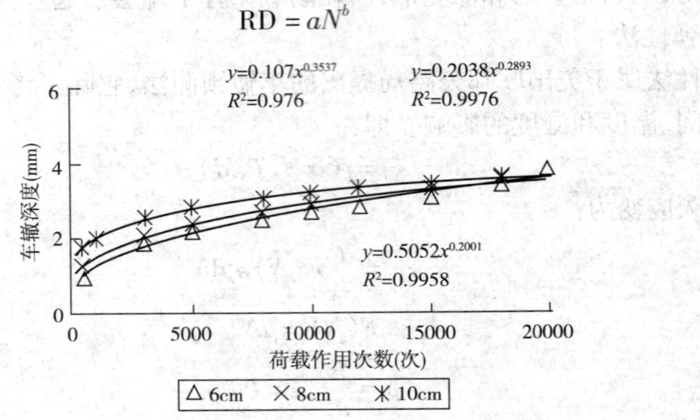

图 4-1 车辙深度与荷载作用次数的关系

沥青混合料是黏弹性材料,温度越低,其力学响应越接近弹性固体,随着温度的升高,其弹性减弱,黏性增强,表现为混合料软化,在荷载作用下容易产生永久变形。为了研究试验温度与沥青混合料车辙试验产生的车辙变形量之间的关系,进行了三种混合料不同温度下的车辙试验,60min 时的车辙深度与温度的关系如图 4-2 所示。

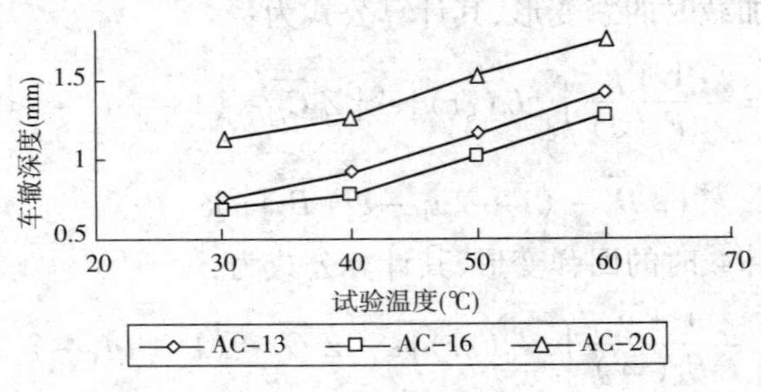

图 4-2 温度与车辙深度的相互关系

由图 4-2 可知，随着温度的升高，三种混合料的车辙深度逐渐增大，由变化趋势直观判断车辙深度与温度的关系，可以用指数、线性、乘幂等关系来描述，三种回归模型相关系数如表 4-1 所示。

车辙深度不同形式的相关性分析 表 4-1

混合料类型	回归关系	回归模型	相关系数 R^2
AC－13	指数	$y=0.3961e^{0.0212x}$	0.9992
	线性	$y=0.0222x+0.0606$	0.9911
	乘幂	$y=0.033x^{0.9115}$	0.9879
	对数	$y=0.9436\text{Ln}(x)-2.5029$	0.962
AC－16	指数	$y=0.349e^{0.0212x}$	0.9837
	线性	$y=0.0199x+0.0379$	0.9651
	乘幂	$y=0.0301x^{0.903}$	0.9519
	对数	$y=0.8401\text{Ln}(x)-2.236$	0.9188
AC－20	指数	$y=0.7078e^{0.015x}$	0.9907
	线性	$y=0.0212x+0.4579$	0.9839
	乘幂	$y=0.1229x^{0.6433}$	0.9701
	对数	$y=0.9023\text{Ln}(x)-1.992$	0.9522

由表 4-1 可知，四种回归模型均可以较好地表示车辙深度与温度之间的关系，除 AC－16 的对数模型外，相关系数均在 0.95 以上，这是因为试验中使用的是三种改性沥青混合料，本身具有较好的抗车辙性能，不同温度下的车辙深度区分度不大，而且仅进行了四个温度条件下的试验，所以指数、线性和乘幂模型的回归结果差别不显著，但比较而言，指数模型的相关性最好，更能准确表示二者的变化关系。

4.2.2 车辙深度预估模型的建立

由以上分析可知，车辙深度与荷载作用次数 N 成乘幂关系，与温度成指数关系，与材料性能参数成对数关系，而与试件厚度 H 关系不显著，因此在车辙预估模型中去除变量因子 H，可以确定沥青混合料车辙预估模型形式如下：

$$\text{RD}=a_0N^{a_1}e^{a_2T}\left(\frac{\varepsilon_P}{F_n}\right)^{a_3} \tag{4-13}$$

式中：RD——车辙深度（mm）；

N——轮载作用次数（次）；

T——沥青混合料温度（℃）；

F_n——混合料重复加载试验应变曲线第三阶段的流动次数；

ε_p/F_n——对应的永久应变；

$a_0 \sim a_3$——模型的待定系数。

根据试验数据进行回归分析得到模型的待定系数。在本项目的研究中对车辙试验和重复加载蠕变试验结果对模型进行回归。在车辙试验过程中，每个车辙深度对应固定的荷载作用次数 N、温度 T 和材料参数 ε_p/F_n，则每个车辙试验可以获得 252 组数据。本次研究共计 24 组不同状况下的车辙试验，共有 8640 组数据。采用全局优化法进行模型回归，识别参数见表 4-2。

模型回归参数及拟合检验 表 4-2

回归系数	a_0	a_1	a_2	a_3
数值	0.7536	0.2572	0.0242	0.3719

回归分析结果检验			
均方差（RMSE）	0.0437	决定系数（DC）	0.9645
列差平方和（SSE）	2.8866	平方系数（Chi－Square）	2.4279
相关系数 R^2	0.9790	F 统计（F－Statistic）	41562.46

将以上待定系数代入模型，可以得到沥青路面车辙预估模型如下：

$$\mathrm{RD} = 0.7536N^{0.2572}e^{0.0242T}\left(\frac{\varepsilon_P}{F_n}\right)^{0.3719} \tag{4-14}$$

从预估模型相关性分析结果来看，相关系数为 0.979，决定系数 DC 达到 0.9645，理论上说明车辙预估模型具有较高的拟合精度，预估效果比较好。同时，按照相关性检验，在 $a=0.01$ 显著水平下，查表可得临界值 F_a：

$$F_{0.01} = 3.32 \tag{4-15}$$

假设 $H_0: a_0 = a_1 = a_2 = a_3 = 0$，则有：

$$F = \frac{\mathrm{SSR}/P}{\mathrm{SSE}/(n-p-1)} = 148.09 \tag{4-16}$$

显然 $F > F_{0.01}$，因此，否定 H_0，说明在显著性水平 $a=0.01$ 下，车辙深度 RD 与路面温度 T、轮载作用次数 N、ε_P/F_n 之间具有显著的相关性，回归模型是显著的。

4.2.3 车辙深度预估结果的验证

车辙预估模型的有效性要通过对实际车辙深度的实测程度来衡量。将 AC－13、AC－16 和 AC－20 三种沥青混合料车辙试验实测值及根据试验条件和材料参数预估值进行对比分析，如图 4-3 所示。

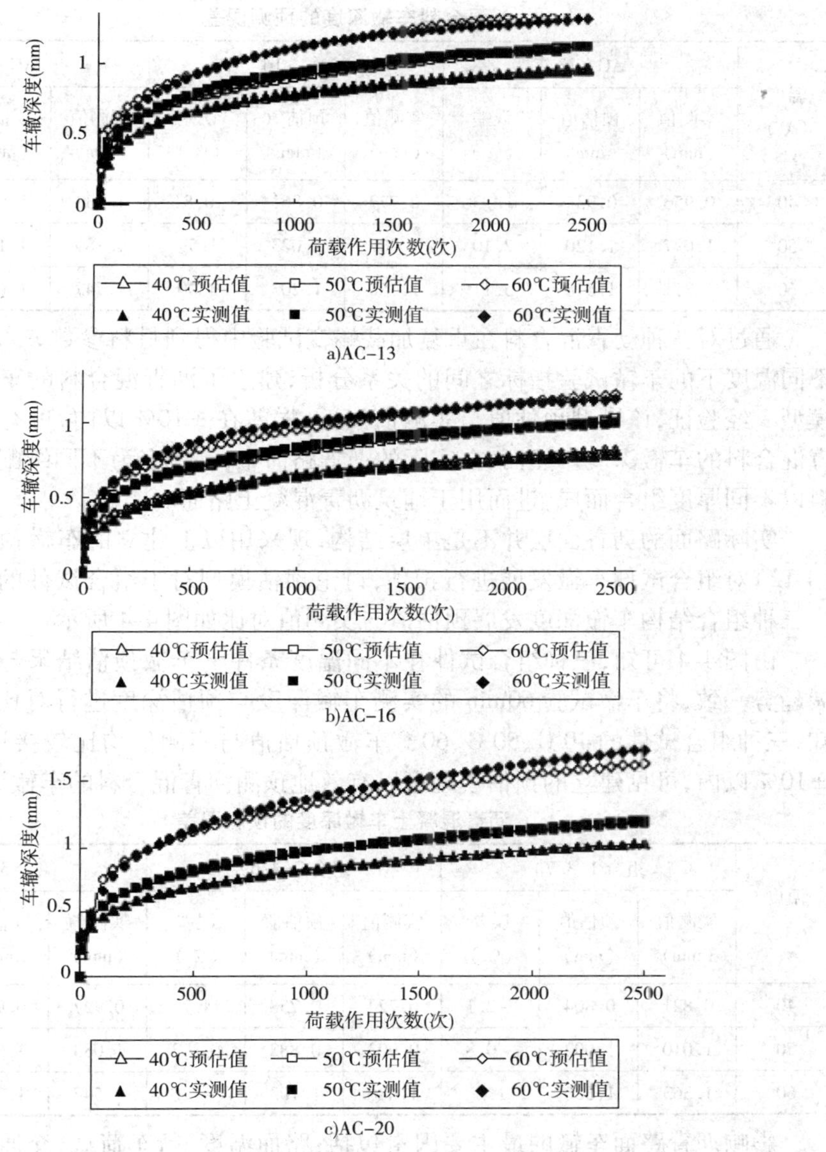

a)AC-13

b)AC-16

c)AC-20

图 4-3 车辙深度预估值与实测值对比

由图 4-3 可知，三种混合料在不同温度条件下车辙预估结果与实测结果发展趋势一致，将车辙试验 60min 的实测车辙深度与预估深度进行对比可以看出，三种混合料在 40℃、50℃、60℃的实测车辙深度与预估深度比较接近，除 AC－16 混合料 40℃车辙预测误差较大外，其余误差均在 10% 以内，因此，可以通过预估模型有效地预测沥青混合料的车辙深度，见表 4-3。

混合料车辙深度的预测误差　　表 4-3

温度（℃）	AC-13			AC-16			AC-20		
	实测值（mm）	预估值（mm）	误差（%）	实测值（mm）	预估值（mm）	误差（%）	实测值（mm）	预估值（mm）	误差（%）
40	0.956	0.934	-2.30	0.777	0.861	10.81	1.034	1.023	-1.06
50	1.097	1.120	2.10	1.007	1.023	1.59	1.189	1.185	-0.34
60	1.311	1.378	5.11	1.168	1.203	3.00	1.747	1.643	-5.95

通过对三种沥青混合料在重复加载蠕变试验中得到材料参数 ε_p/F_n 与在三种不同温度下的车辙试验指标之间的关系分析，建立了沥青混合料的车辙深度预估模型。经验证，该模型预估值与实测值接近，误差在 ±10% 以内，可有效地预测沥青混合料的车辙深度。然而，在实际的沥青路面中，一般多为不同级配的沥青混合料以不同厚度组合而成，进而用于铺筑沥青混凝土路面。

实际路面的沥青面层并不是单层结构，现采用以上建立的车辙预估模型公式（4-12）对组合试件车辙发展进行预估，讨论预估模型对于组合试件的有效性。其中三种组合结构车辙深度发展预估值与实测值对比如图 4-4 所示。

由图 4-4 可知，三种组合试件在不同温度条件下车辙预估结果与实测结果发展趋势一致，将车辙试验 60min 的实测车辙深度与预估深度进行对比（表 4-4）可知，三种组合试件的 40℃、50℃、60℃ 车辙预估值与实测值均比较接近，误差均在 ±10% 以内，可见建立的预估模型可以有效地预测沥青混合料的车辙深度。

沥青混凝土车辙深度的预测误差　　表 4-4

温度（℃）	组合 1（3/7）			组合 2（4/6）			组合 3（5/5）		
	实测值（mm）	预估值（mm）	误差（%）	实测值（mm）	预估值（mm）	误差（%）	实测值（mm）	预估值（mm）	误差（%）
40	0.821	0.804	-2.1	0.724	0.758	4.7	0.927	0.942	1.6
50	1.010	1.002	-0.8	0.903	0.882	-2.3	1.083	1.065	-1.7
60	1.363	1.380	1.2	1.086	1.103	-1.6	1.547	1.562	1

影响沥青路面车辙的最主要因素包括：路面温度、行车荷载、交通量以及路面组成材料、组成结构等。其中：温度和湿度是影响车辙试验结果的两个重要因素，但目前对路面湿度进行量化时，往往停留在定性的分析上，所以水对沥青路面车辙的影响也很难精确地量化，在路面车辙预估模型中一般不予考虑。研究结果表明，在沥青层厚较薄的情况下，车辙发展较快，而当沥青层超过一定厚度后，厚度对于车辙深度的影响没有显著的规律性，且车辙变化量差别不大，因此，在进行车辙预估时可以不考虑层厚的影响。

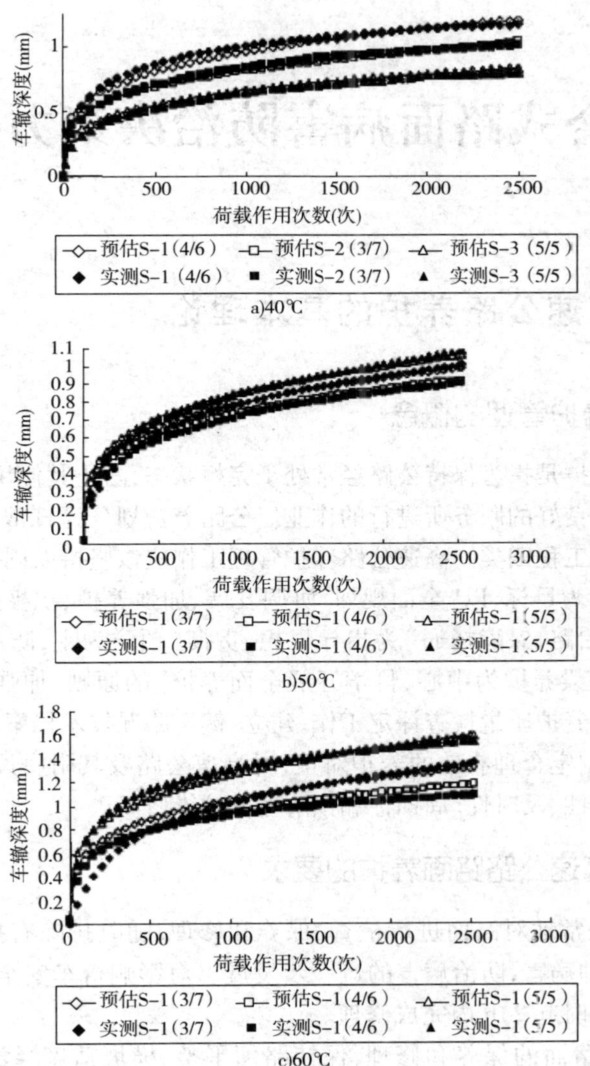

图4-4　预估车辙与实测车辙对比

5 复合式路面病害防治决策方法研究

5.1 高速公路养护的基本理论

5.1.1 养护管理的概念

高速公路养护是指为保持公路经常处于完好状态，防止其使用质量下降，并向公路使用者提供良好的服务所进行的作业。公路养护划分为日常养护、定期养护、特别养护和改善工程四类。高速公路养护管理工作应该坚持以创"一流管理、一流质量、一流服务"为目标，以"全面规划、协调发展、加强养护、积极改善、科学管理、提高质量、依法治路、保障畅通"为指导思想，贯彻"预防为主，防治结合"的方针，坚持以"路面、桥梁养护为中心，科学开展全面养护"的原则，加强路况的日常性、周期性巡查以及养护质量检查评定工作，建立、健全路况技术档案，积累路况资料，通过科学分析，制定合理有效的养护对策，对高速公路及其附属设施、沿线设施及其绿化进行经常性、及时性、周期性和预防性养护维修。

5.1.2 高速公路路面养护的要求

(1)及时、经常地对路面进行检查、保养和修理，随时排除有损路面的各种因素，及时修理各种病害，防治病害的进一步发展。对影响行车安全的病害(如坑槽等)，应在发现之时起24h内完成修理。

(2)通过对路面的保养和修理，保持路面平整、横坡适度、线性顺直、路貌整洁、排水良好，并有良好的抗滑能力，确保路面安全，舒适的行驶性能。

(3)按照"预防为主、防治结合"的原则，针对季节性病害根源，采取有效的技术措施，做好预防性季节保养和修理。

(4)通过对路面的修理和改善，保持和提高路面的强度，确保路面的耐久性。

(5)及时清扫路面，保持路面整洁，防治因路面损坏和养护操作污染沿线环境。

5.1.3 影响制定高速公路路面养护对策的因素

一般等级公路强调的是路面结构性能，影响养护维修对策选择的主要因素是路面损坏状况和承载能力。而高速公路反映路面的服务能力的功能指标在对养护决策中占了主导地位,因此对于高速公路而言,除了要考虑路面损坏状况和结构承载能力外,路面抗滑性能、平整度、车辙在很大程度上影响了养护对策的制定。在制定高速公路沥青路面养护维修对策时,通常要考虑以下因素:

(1)路面结构承载能力:路面结构承载力的大小决定着路面结构是否需要补强。

(2)路面破损情况:路面破损状况包括路基状况指数(PCI)和主导损坏类型两部分。PCI 的大小决定是否需要罩面及罩面层的厚度,路面主导损坏类型决定采面措施前需要采取何种预处理措施,即使 PCI 相同时,若路面上的主导类型不同,所采用的对策也可能不同。

(3)路面行驶质量:平整度反映了路面行驶质量,在决定罩面厚度时,应考虑原路面是否平整,平整度越差,罩面应该越厚。

(4)路面抗滑:高速公路行车速度快,抗滑要求高,抗滑能力的大小决定路面是否需要加铺抗滑表层。

(5)路面车辙深度:作为平整度的参考因素,当车辙评价较低时,可认为路面行驶质量较差。

(6)专家经验:对评价结果起个对比和监督的作用。

(7)行政因素:行政干预、政策因素也会影响到路面养护维修对策的选择。

5.1.4 高速公路路面养护策略

路面工程是高速公路工程最主要的部分,其质量直接影响路面使用性能。高速公路路面养护质量指数(PQI)在高速公路养护质量指数(EMQI)中所占的权重高达 0.65,同时公路养护资金约 50% 用于路面。因此路面养护管理是高速公路养护管理中最重要工作内容。

从养护策略上讲,路面养护有预防性养护、反应性养护和应急性养护三种类型。预防性养护的频率最高,泛指带有保护路面,防止病害进一步扩展,以延缓路面使用性能恶化速率及以延长路面使用寿命为目的的养护作业,通常用于没有发生损坏或仅有轻微缺陷和病害迹象的路面;反应性养护是在路面使用性能的某项指标显著下降,如不采取措施路面性能将迅速恶化的情况下,进行的被动性养护,如加铺、修复等;而应急性养护则是当出现各种突发性灾害或特殊情况下,必须不计成本地对路面进行修复的措施。

根据 AAASTO 的最新定义,路面的预防性养护是一种在路面状况良好的情况下采取的对现有道路系统进行有计划的、基于费用—效益的养护策略,预防性养护在没有提高路面结构能力的情况下,延迟路面的损坏,维持或改善路面现有的通车条件,通过延长原有路面的使用寿命来推迟昂贵的大修和重建活动。在实际的高速公路路面养护计划中,应根据道路的具体情况,处理好预防性养护和反应性养护的关系,确定合理的预防性养护时机,优化养护资金的分配,平衡和延长路网的总体使用寿命。

目前我国高速公路沥青路面的养护具有维修时间集中,施工季节性强,维修位置零散、分散,对维修装备和技术水平要求较高等特点。国外将沥青路面的养护维修作业划分为预防性养护、修复性养护、路面翻修、路面重建 4 种类型。我国《公路沥青路面养护技术规范》(JTJ 073.2—2001)中规定普通公路沥青路面的养护工作分为日常巡视与检查、小修保养、中修、大修、改建和专项养护工程等。《高速公路养护管理手册》中根据我国高速公路的养护维修特点及多种相关因素,将高速公路沥青路面的养护分为日常养护、小型维修、中修和大修四种方式,具体的对策措施包括日常养护、封层、铣刨、加铺、加罩、罩面、翻修、补强等。本文参考现行《公路沥青路面养护技术规范》(JTJ 073.2—2001)、《高速公路养护管理手册》及《高速公路养护质量检评方法(试行)》进行各种养护对策的适用情况如表 5-1 所示。

高速公路路面养护对策的适用情况 表 5-1

路面性能指标养护 维修方式	道路行驶质量指数 RQI	路面结构强度指数 PSSI	路面状况指数 PCI	抗滑性能指数 SRI
日常养护和小修	>30	>83	>70	
中修(罩面)			55 ~ 70	
中修(罩面)	62 ~ 80			
中修(加铺抗滑磨耗层)				<62
大修(翻修重建)	<52	>83	<55	
大修(补强)		<83		

5.2 高速公路路面养护管理费用与效益分析

对于高速公路路面养护管理系统而言,应用工程经济原理与方法,分析研究路面养护管理的费用与效益,将有限的养护资金优化分配到路网各路段上,并确定最佳的养护时间与养护对策,这是系统决策优化所要解决的最关键问题。因此可以说,面对路面养护的实际需求和有限的养护资金,路面养护的费用与效益分析将作为确定决策指标与选择决策方案的主要依据。

5.2.1 路面养护费用分析

根据国内外相关理论研究与应用实践,路面养护管理涉及的费用包含道路费用与用户(道路使用者)费用两大部分。其中道路费用有道路初期建设费用、道路日常养护维修费用和道路中、大修费用,用户费用则包括车辆运营费用、行驶时间费用、事故费用和环境污染等间接费用。在用户费用中,车辆运营费用(Voc,vehicle operation cost)占有最大的比重。Voc是在车辆行驶过程中消耗的各种资源所支出的费用总和,包括两部分:一部分与车辆的行驶距离有关,包括燃料消耗、润滑油消耗、轮胎消耗、维修费用和车辆折旧费用等;另一部分与车辆的使用年限有关,包括车组人员费用、管理费用、保险费用、执照费和税费等。根据交通运输部的调查资料,车辆运营费用中所占比重较大的因素分别是油耗费用、维修费用和管理费用,这三项因素约占总费用的70%以上。

Voc所包含的因素众多,分析计算比较复杂,Voc的确定一般有两类方法:一类是在确定车辆的基本消耗及基本费用的基础上,根据具体的地形条件、气象条件、道路条件和交通条件,调整基本消耗,计算车辆运输成本,这类方法计算复杂,不确定因素较多。另一类方法则是简化Voc的影响因素,通过大量实际数据采用回归分析的方法建立车辆运输成本模型,仅考虑最主要的影响因素,可用于近似估算车辆运营费用。

国外进行网级路面养护管理决策时,从社会资源的充分利用角度出发,常以在一定养护资金限制条件下的社会总费用(道路养护费用与用户费用之和)最小为优化决策的目标。但针对我国公路养护管理的实际情况,王昌衡教授提出将用户费用计入社会总费用存在以下不妥之处。

(1)用户费用的计算过程非常复杂,而且行驶时间费用中的单位时间价值和事故费用等的确定很困难,缺乏统一的判定计算标准,导致用户费用的计算结果可能相差很大,影响优化决策的结果。

(2)一般的用户费用模型中,用户费用仅与路面行驶质量(平整度)指标关系较为密切,往往忽视了路面使用性能中的其他指标,这与养护管理的实际情况不相符合。

(3)在我国公路养护管理的实际工作中,由于因路面养护维修而节省的用户费用很难反馈到养护管理部门,因此在养护决策方案的制定和选择时,一般都是从路面使用性能的改善提高角度出发,仅考虑各种养护管理措施对路面性能所产生的实际效果,很少考虑用户费用的问题。

当然,路面使用性能的改善和提高与用户费用的降低之间并非没有联系,只是根据我国目前路面养护管理的实际情况和用户费用自身计算过程的复杂性和不确定性,在进行路面养护管理优化决策时,更多时候主要考虑养护维修费用,而用户费用的降低只能通过路面使用性能的改善和提高来间接反映。

5.2.2 路面养护费用模型

高速公路在进行养护管理与选择维修对策时,一般考虑路面破损、路面平整度、路面强度、路面抗滑性能四个方面。在决定各单项水平的基础上,进行统筹规划,确定安排养护对策。实际上,这样就使路况的综合评价与路面养护对策相分离,也使路况综合水平与养护费用的相关关系模糊不清,给网级的路面养护管理、养护资金的优先安排带来了困难。研究结果表明,在一定范围内,维修及费用有很大的敏感性,我们可以通过防止路面状况到过敏感阶段或延长到达此阶段的时间而使路面维修费用减小。也就是说,预算费用的分配应该不总是遵循"最坏的最优先"的原则。

针对这一问题,本文建立了以路面综合评价为基础的养护维修费用模型,为高速公路的养护管理、养护对策的优先排序提供一个便捷的参考方法。建立典型路段的路面维修费用模型,步骤如下:

(1)进行路段路况模糊综合评价

依据路面检测数据,运用第 3 章建立的路面使用性能模糊综合评价方法对各路段状况进行模糊综合评价,得出模糊综合评价结论。

(2)确定路段平均维修造价(COST)

根据各路段状况选择养护对策,并依据高速公路路面养护工程定额标准计算平均维修造价。路段造价计算公式如下:

$$\mathrm{COST} = D(i) \times C(j)/S \tag{5-1}$$

式中:$D(i)$——各个维修对策方案定额;

$C(j)$——各个维修对策方案定额;

S——路段总面积。

(3)建立养护费用模型

由以上两步建立路面使用性能模糊综合评价与平均维修造价(COST)间的对应关系。本文对路网的不同路况水平进行了统计计算,找出不同路面使用性能模糊综合评价结论的平均维修造价,建立了路面使用性能模糊综合评价 COST 之间的关系,如表 5-2,然后以平均维修造价为纵坐标、以路面使用性能模糊综合评价结论为横坐标建立模型,如图 5-1 所示。

路面使用性能综合评价结论与养护平均维修费用 COST 关系 表 5-2

综合评价结论	差	差,次	次	次,中	中	中,良	良	良,优	优
平均费用(元/m^2)	119.25	116.35	112.67	94.45	62.68	35.28	14.35	0.7	0

根据图 5-1 可以看到以下规律:

(1)按照维修费用增长速率的变化趋势,可以划分为 4 个阶段:第一阶段,路面状态为优良阶段,不需要采取维修措施;第二阶段,路面状态为中阶段,维修费用随 PQI 的变化迅速增长;第三阶段,路面状态为次阶段,维修费用随 PQI 的减小而缓慢增长;第四阶段,路面状态为差阶段,维修费用达到高限并趋于稳定,基本上不再随 PQI 的变化而继续增长。

(2)路面综合路况评价在中阶段时,是维修费用增长十分敏感的阶段。为了避免维修费用的迅速增长,应该着重加强养护,避免因路面状况进入敏感阶段而带来的更大维修费用浪费。

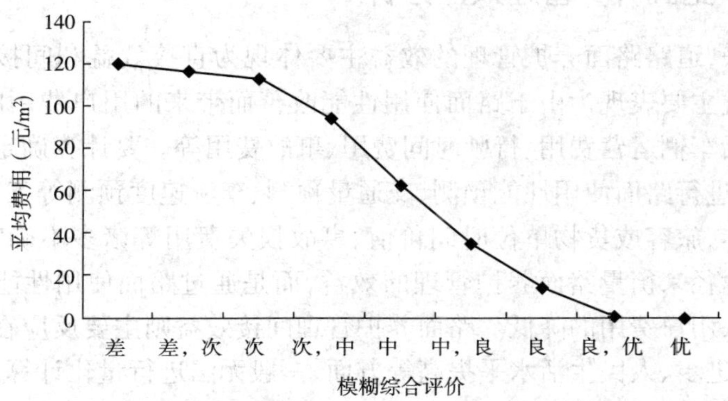

图 5-1 路面实用性能综合评价与养护维修平均费用

(3)图 5-2 仅考虑维修费用增长规律的路面维修优先级别图。

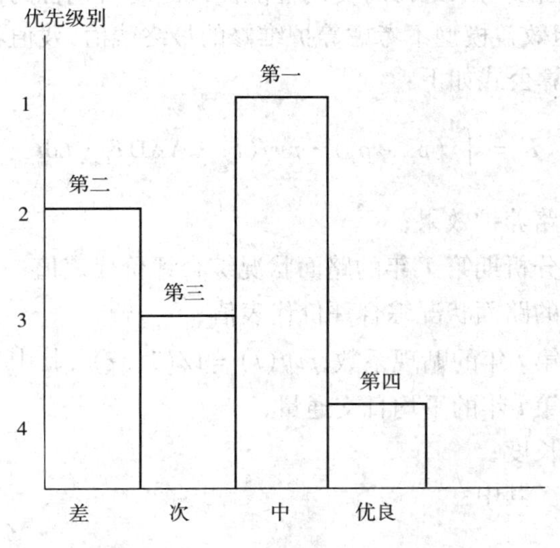

图 5-2 路面维修优先级别图

因此,该高速公路沥青混凝土路面的维修优先级为:

第一优先级:处于第二(中)阶段的路面;

第二优先级:处于第四(差)阶段的路面;

第三优先级:处于第三(次)阶段的路面;

第四优先级:处于第一(优良)阶段的路面。

依据路面使用性能综合评价费用模型，可以使综合评价与养护费用相结合，有针对性的分配养护费用。确定系统内路段的养护优先级，能够比较准确的、使有限的资金发挥出最大的效益，但该模型适用于网级路面管理系统。

5.2.3 路面养护管理效益分析

一般说来，道路路面养护管理的效益主要体现为直接效益和间接效益两个方面。直接效益主要表现为由于路面使用性能改善而带来的用户费用的降低，用户费用主要包括车辆运营费用、行驶时间费用、事故费用等。要计算确定用户费用非常复杂，需要进行路面使用性能预测、交通量预测、车流速度预测等工作，并且存在车辆运输成本、旅客或货物单位时间价值、事故损失费用等诸多不确定因素，因此本文不以此途径来衡量路面养护管理的效益，而是通过路面使用性能的改善和提高来间接反映用户费用的降低。路面养护管理间接效益则主要反应在区域经济发展、促进社会进步、人民生活水平提高等方面，一般无法进行量化计算，只作定性分析，在路面养护管理决策中不考虑这部分效益。

因此本文借鉴加拿大阿伯塔省的系统的效果计算方法的思想（图 5-3），选用维修后的使用性能曲线与未维修时使用性能曲线之间所包含的面积来表示路面养护所产生的效益，但效益模型不考虑养护维修的最终残值，残值将在费用效益分析中单独列出。其计算公式如下：

$$E = \int_0^M (p_t - p_y) \cdot pwf(t) \cdot \mathrm{AAD}T_t \cdot L\mathrm{d}t \tag{5-2}$$

式中：E——高速公路养护效果；

p_t——维修后分析期第 T 年的路面状况综合评价代表值；

p_y——未维修的路面状况综合评价代表值；

$pwf(t)$——分析期第 t 年的贴现系数，$pwf(t)=1/(1+r)^t$，其中 r 为资金贴现率；

AADT_t——分析期第 t 年的平均日交通量；

L——路段的长度；

M——分析期。其中：

$$P = \begin{cases} 6, & \text{模糊综合评价为优} \\ 4, & \text{模糊综合评价为良} \\ 2, & \text{模糊综合评价为中} \\ 1, & \text{模糊综合评价为次} \\ 0, & \text{模糊综合评价为差} \end{cases}$$

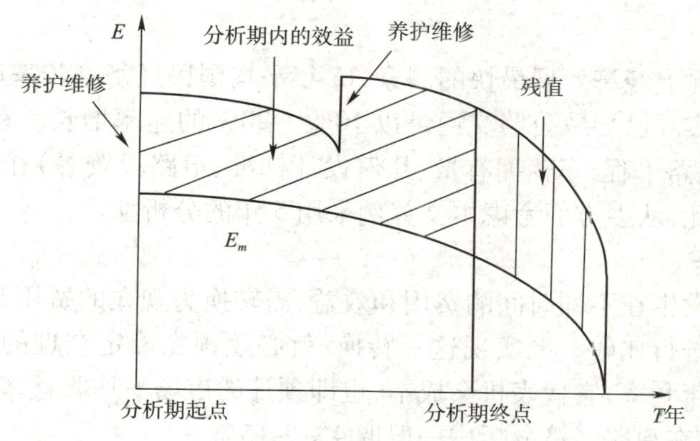

图 5-3 效果计算示意图

同时，作为延长路面使用寿命，推迟路面大、中修时间的一项十分有效而经济的手段和措施，路面的预防性养护工作所带来的巨大效益是不可忽视的，关键在于在合适的时间对合适的路面采取合适的预防性养护维修措施。美国明尼苏达州运输部分的养护管理实践表明：路面预防性养护不仅仅是一项短期养护措施，还是优化资金分配的有效管理工具，除能够延迟大修时间以外，还能平衡养护开支。同时，预防性养护还能够改变路网服务寿命的分布情况，达到平衡路网内路面使用寿命的效果。明尼苏达州自 1992 年执行路面预防性养护管理以来，平均延长使用寿命 5 ~7 年，效益是非常显著的。美国战略公路研究计划（SHRP）明：预防性养护在延缓路面使用性能恶化速率、延长路面使用寿费用等方面有重要意义，在路面使用寿命周期内进行 3 以延长路面使用寿命 10 ~15 年，节约养护费用 45%

在我国，路面预防性养护管理的研究与实养护部分尚未充分认识到预防性养护统的养护观念，在借鉴国外先进采取适当的预防性养护措效益。

5.2.4 影响因素

高速公路养护工程经济

(1) 分析期

对项目进行经济分析时，首分析期太短时，很难找出真正效益变化很小；而分析期过长，往往不确原则上分析期限的选择应以各种预测

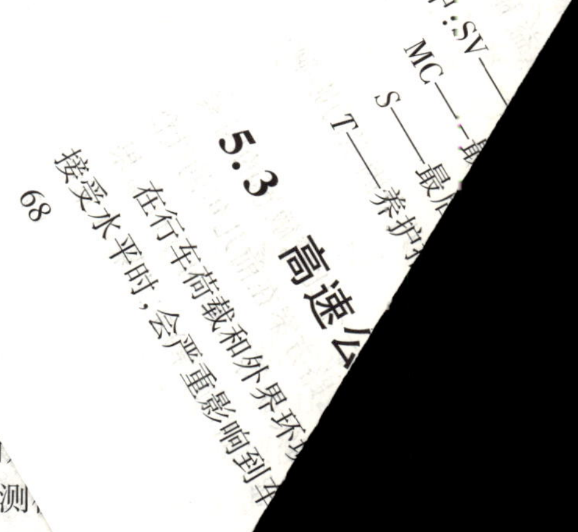

为依据。

我国是世界上经济发展最快的国家,15 年平均国民经济增长率超过 10%。这样高的增长率实际已导致公路交通量以 10% ~20% 的速率增长。在这种情况下,许多因素(如道路里程、车辆拥有量、几何设计标准、道路投资等)在 5 年以外很难准确预测。因此,从多方面考虑本文算例采用 5 年的分析期。

(2)贴现率

分析期内发生在不同时间的费用和效益,需转换为现在的费用和效益,以便在共同的基础上进行比较。要实现这一转换,就必须预先确定合理的贴现率。贴现率通常表现为年利率,它代表机会成本,也即预计的市场平均收益率。贴现率是一个政策性参数,在道路经济分析中一般取 4% ~15%。

贴现率的大小对于经济分析结果具有重大的影响。折现率高,初期投资低的项目方案往往具有较高的经济效益;反之,初期投资高的项目方案显得优越。因而,在经济分析时,应权衡各方面因素,慎重取用折现率的数值。

(3)通货膨胀率

通货膨胀率在经济分析中是一个应该考虑的因素。由于通货膨胀难以估计,许多经济分析包括路面管理系统都忽略了这个指标。在路面管理决策分析中,忽略这个指标将不会产生明显的误差,因为通货膨胀率对费用和效益同时起作用,费用效益比相对值几乎保持不变。

(4)残值

在分析期内,道路的使用性能可能还没有下降到最低可接受水平,也就是公路还有剩余寿命,可以在分析期后继续承受车辆作用。在方案取舍时,应将各方案剩寿命折算为价值,以保证可比性,这个折算价值可称为残值。

残值可以用多种方法近似计算,本文选择按剩余寿命与预期使用寿命的比例确定,公式如下:

$$SV = \left(1 - \frac{S}{T}\right)MC \tag{5-3}$$

—残值;

最后一次养护费用;

后一次养护的施工年份到分析期末的年数;

措施对应的路面寿命。

公路路面养护管理决策优化

境因素作用下,路面使用性能逐渐恶化,当损坏到低于可

车辆的行驶质量,为使路面服务水平维持在一定水平,

给道路使用者提供快速、舒适的通行环境，需要不断地投入养护资金，及时进行路面大、中修养护，采取养护措施之后，路面使用性能的变化又直接影响下次养护决策，即公路养护的实施时间和实施方案会对以后多年的养护资金投入、路面状况产生持续影响。如何根据高速公路的具体使用性能，选择技术上可行、经济上合理的养护维修对策，这就需要对高速公路路面养护决策进行研究。路面养护管理决策的核心内容是在指定的预算资金和其他资源的约束下，寻求最优养护策略，使得效益目标最大化，或是在一定的路面使用性能要求和资源限制的约束下，寻求最优养护策略，使得费用目标最小化。针对高速公路网级路面养护方案的选择和养护资金的分配等路面养护管理决策问题，建立高速公路路网级路面养护管理决策优化流程如图 5-4 所示。

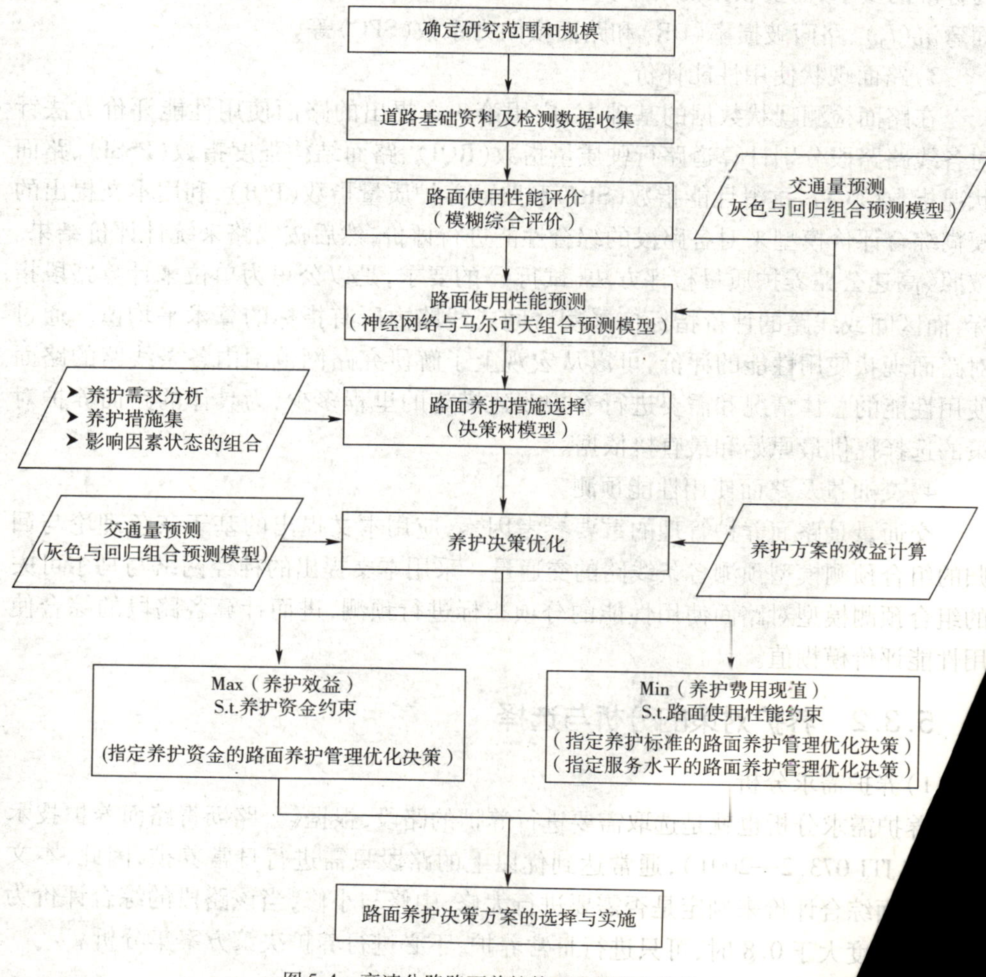

图 5-4　高速公路路面养护管理决策优化流程

5.3.1 养护决策基本信息及资料收据与计算

1)确定研究范围和规模

研究范围和规模的确定,既要满足实际工作的需要,又要考虑研究规模和计算工作量,同时还要考虑资料收集等因素。

2)研究范围内高速公路的基本情况和历年路面检测数据的收集

需要收集研究范围内的高速公路基本情况,主要包括里程、车道数、路面类型等技术指标,通车时间、交通量等运营指标和道路在路网中的地位作用等相关经济、政策因素等多方面的内容。根据对高速公路路面性能的综合分析和相关规范与标准的要求,需要收集的历年路面检测基础数据包括国际平整度指数(IRI)、路面弯沉(l_0)、路面破损率(DR)和路面横向力系数(SFC)等。

3)路面现状使用性能评价

在路面检测现状数据的基础上,应用第3章提出的路面使用性能评价方法针对各线路路段分别计算道路行驶质量指数(RQI)、路面结构强度指数(PSSI)、路面状况指数(PCI)、抗滑性能指数(SRI)和路面养护质量指数(PQI),利用本文提出的模糊综合评价模型来对各路段的综合性能进行评价,然后按线路来统计评价结果。按照《高速公路养护质量检评方法(试行)》的要求,是以公里为单位来计算路段指标,而区间或线路的评价指标应采用区间或线路内所有指标的算术平均值。通过对路面现状使用性能的评价,可以从宏观上了解研究路网范围内各条线路的路面使用性能的总体情况和需要进行养护改建措施的里程多少,为具体的路面养护对策的选择提供最原始和最直接依据。

4)交通量及路面使用性能预测

通量是路面养护管理的重要参考因素,应用本文提出的基于灰色理论与回测模型预测各条线路的交通量。采用本文提出的神经网络与马尔可夫型对路面使用性能的分项指标进行预测,进而计算各路段的综合使

策的分析与选择

要进行养护的路段,根据《公路沥青路面养护技术优以上的路段只需进行日常养护,因此,本文行大修、中修与小修,当该路段的综合评价为日常养护,不必进行养护决策方案集分析。

根据《公路沥青路面养护技术规范》(JTJ 073.2—2001)和《高速公路养护管理手册》,系统针对沥青路面选择了日常养护与小修、中修罩面、中修加铺抗滑层、大修重建、大修补强等5项具体养护措施。各种养护措施的效果如下:

①日常养护与小修不能提升路面性能评价指标等级;

②中修罩面 RQI 提高一级,PCI 提高两级;

③中修加铺抗滑层可以恢复到最优水平;

④大修重建 RQI 和 PCI 均恢复到最优水平;

⑤大修补强所有指标均恢复到最优水平。

3)影响养护方案因素的确定

不同的道路工程师在确定路面养护对策时所考虑的因素并不完全相同,影响沥青路面维修方案的因素主要有:路面破损、路面结构强度、路面平整度、路面抗滑指数、交通量等。

①路面结构强度指数 PSSI 和路面状况指数 PCI 是判断路面是否需要补强和罩面厚度的主要依据。损坏较严重的路段就需采取较大的修复工程,由于损坏和路面结构存在一定的关系,对结构强度足够的路段,对损坏只需采用局部修复方式,而结构强度不足的路段则需采用补强措施。

②路面平整度和抗滑性能是路面功能性能的主要评价指标。平整度直接影响用户费用,是路面破坏的潜在因素。抗滑性能是影响行车安全的重要因素,如果结构状况较好,只有平整度和抗滑性能不能满足使用要求,应采取一定的措施恢复其性能,因此它们是补强和罩面决策的辅助参数。

③交通量是路面承受的直接外部荷载,是造成路面破坏的主要外部因素。在进行养护决策时,交通量越大的路面,受到的注意程度越高,对路面养护的要求也越高,同样的损坏条件,交通量较大的路面应采取较好的养护措施。

4)影响因素状态的组合

按照现行规范的分级标准,RQI、PSSI、PCI、SRI 等4项评价指标均有优、良、中、次、差5个等级,那么路面性能的组合状态就应该有 $5\times5\times5\times5=625$ 种,如果再考虑养护措施的选择,会有几千种组合情况,造成决策问题规模大,求解困难。因此在项目级路面决策优化时,需求根据需要简化合并状态,减少组合情况,缩小问题规模,这也是系统集成思想的体现。

大量的实际路况数据调查结果显示:虽然路面使用性能评价4项指标是从不同方面来反映路况的,但它们之间是有一定联系的,即一项指标较差时,其余指标也往往较差,很少出现某项指标优良而其余指标较差的情况。因此,参照我国高速公路养护管理的相关技术规范要求及模糊综合评价方法的特点,对模糊综合评价等级进行了简化,具体简化方法如下:

RQI 简化为 3 级:优良级、中级、次差级;

PSSI 简化为 2 级:强度足够级(优良级)、强度不足级(中次差级);

PCI 简化为 3 级:优良级、中级、次差级;

SRI 简化为 2 级:能力足够级(优良级)、能力不足级(中次差级)。

简化后沥青路面性能的组合状态最多为 3 ×2 ×3 ×2 =36 种,既能够满足决策的需要,又大大减小了决策问题的规模。通过对实际养护对策方案分析,可进一步缩小路面使用性能状态组合及相对应的养护对策方案。本文选择的路面性能的组合状态及其建议的养护对策如表 5-3 所示。

高速公路沥青路面性能的组合状态及养护对策表　　表 5-3

路面组合状态编号	PCI	RQI	PSSI	SRI	建议养护对策	允许养护对策
1	优良	优良	强度足够	能力足够	A	
2	优良	中	强度足够	能力足够	B	A
3	优良	次差	强度足够	能力足够	B	A
4	中	优良	强度足够	能力足够	B	A
5	中	中	强度足够	能力足够	B	A
6	中	次差	强度足够	能力足够	B	A
7	次差	优良	强度足够	能力足够	B	A
8	次差	中	强度足够	能力足够	B	A
9	次差	次差	强度足够	能力足够	D	B
10			强度不足		E(强制措施)	
11				能力不足	C(强制措施)	

注:养护对策 A——日常养护与小修;B——中修罩面;C——中修加铺抗滑层;D——大修重建;E——大修补强。其中 E、C 为强制措施,即对处于第 10 种和第 11 种状态的路面必须采取措施。

5)路面养护措施的决策树分析

作为一种简明有效的决策方法,决策树分析在路面养护管理决策中得到了广泛应用。根据路面性能组合状态和表 5-3 的建议养护对策,采用决策树分析方法将沥青路面各种决策方案枝、概率枝、结果枝等要素直观反映出来,结果如图 5-5 所示。

6)养护方案的效益分析

不同养护措施方案将产生不同的效益,根据《公路沥青路面养护技术规范》(JTJ 073.2—2001)和《高速公路养护管理手册》,各种养护措施的效果如下:

①日常养护与小修不能提升路面性能评价指标等级;

②中修罩面 RQI 提高一级,PCI 提高两级;

③中修加铺抗滑层 SRI 恢复到最优水平；

④大修重建 RQI 和 PCI 均恢复到最优水平；

⑤大修补强所有指标均恢复到最优水平。

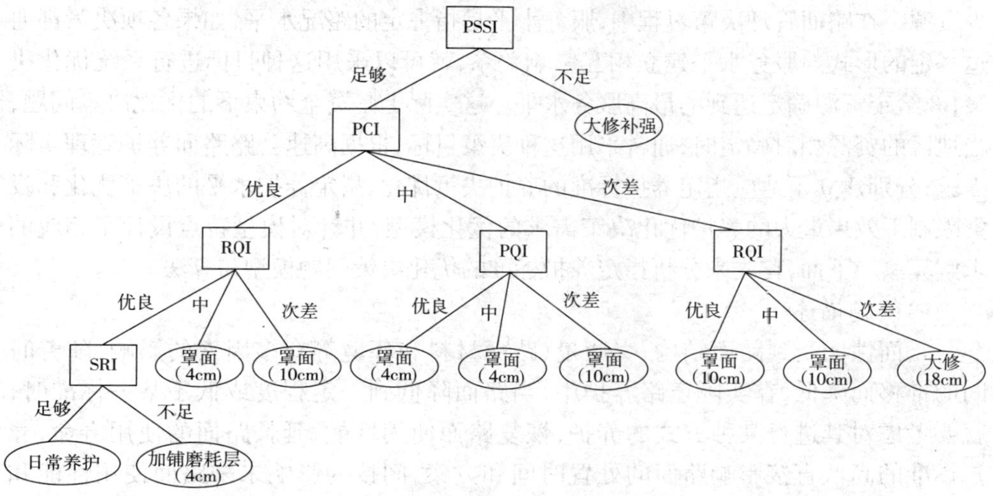

图 5-5　高速公路沥青路面养护管理决策树

因此，选择上述 5 种养护措施后，路面评价指标变化可表示如下：

$$
\begin{array}{c}\text{采取相应养护方案后}\\\text{使用性能指标变化}\end{array}
\begin{cases}
PSSI=\begin{cases}(1,1,0,0,0), & \text{大修补强}\\ PSSI_{\text{原}}, & \text{其他}\end{cases}\\
PCI=\begin{cases}(1,1,0,0,0), & \text{大修补强}\\ (1,1,0,0,0), & \text{大修重建}\\ \text{提高两级}, & \text{中修罩面}\\ PCI_{\text{原}}, & \text{其他}\end{cases}\\
PQI=\begin{cases}(1,1,0,0,0), & \text{大修补强}\\ (1,1,0,0,0), & \text{大修重建}\\ \text{提高一级}, & \text{中修罩面}\\ PCI_{\text{原}}, & \text{其他}\end{cases}\\
SRI=\begin{cases}(1,1,0,0,0), & \text{大修补强}\\ (1,1,0,0,0), & \text{中修加抗滑层}\\ PCI_{\text{原}}, & \text{其他}\end{cases}
\end{cases}
$$

5.3.3　指定养护标准的路面养护管理优化决策模型及其求解

路面养护管理决策的主要任务是为公路管理部分提供合理分配和使用有限资

金的最佳养护对策。对于某个特定的决策过程,它的具体目标可能有多种形式。一般来说主要包括如下几类:①净效益最大化。效益最大化是应用最广的目标,本文中采用“效果”替代“效益”,避免用户费用的确定;②达到某一道路服务水平需要的最少资源。在路面管理决策过程中,服务水平是指一定的路况水平,如果各项决策都通过一定的形式与服务水平建立相互影响关系,就可以采用这种目标进行系统优化决策;③给定资源确定达到的最高服务水平。这实际上是资金约束下的优化决策问题,当地区的资源相对确定时,通常采用这种决策目标,根据高速公路路面养护管理实际需求,分别建立了适应指定养护标准的养护决策优化,指定养护水平的决策优化和投资限制下效果最大的养护优化决策需求的优化模型,并针对模型特点设计了相应的求解算法。下面,首先来分析指定养护标准的优化决策问题模型与算法。

1)问题描述

路面性能受到路面结构、交通量、路面材料和环境等众多因素的影响,随着时间的推移而降低,在实际道路养护中,当路面降低到一定程度或低于某一标准时,就要考虑对其进行某种方式的养护,恢复路面使用性能,延长路面的使用寿命,养护标准的高低直接影响路面的处置时间和方案,间接的影响未来路面使用性能和养护费用,高的养护标准将对路面超前处置,路面性能维持较高的服务水平上,同时意味着投入更大的养护资金:反之服务水平下降,较少的养护资金投入。路面养护时间与养护标准关系密切。标准提高养护时间提前,标准降低养护时间推后。在给定的养护标准限制下,路面的处置时间也有多种选择:按时处置或提前处置。这是因为养护标准是一种技术限值。在考虑了经济因素后往往最佳处置时间是较标准时间提前处置,这种状况往往发生在大交通量路段上。当交通量很小时,道路养护带来的用户效益常常低于养护费用,这时就需要推迟道路养护时间,以求得用户效益与养护费用之间的新平衡。由于养护时间也影响需求分析结果,因为路网养护需求分析时也要考虑不同养护时间对分析结果的影响。目前《公路沥青路面养护技术规范》(JTJ 073.2—2001)的养护标准是通过普通公路的大量调查总结得到的,主要适用于普通公路。然而我国高速公路普遍采用沥青混凝土面层,稳定材料的半刚性基层,决定它和普通公路的养护标准有很大的不同,我国还没有针对高速公路养护的指导性规范。

目前制定养护标准主要是参照 PSI 建立时采用的主客观相结合的思路,即考虑道路使用者的舒适性,又考虑养护技术上的可行性。主客观相结合,专家打分这种方法的弊端是根本没有考虑经济因素,事实上,对于高等级公路路面养护标准不仅取决于公路等级、技术要求和专家经验,而且取决于经济因素。为此,在我国高速公路路面养护管理决策中,养护标准应根据高速公路沿线的经济发展情况、收费、养护资金投入等因素灵活制定,即各个项目应有所不同。本文认为建立考虑当地经济指标、收费费率、养护费用和路面使用性能的养护标准模型,采用的思路如下:在同一坐标系下建立运输总费用和路面使用性能、养护费用和路面使用性能以及收费和路面使用性能等的关系曲线,找到它们之间的最佳结合点,借此提出更加合理的养护标准,这将有待于数据积累进行更加深入的研究。本文参考现行规范养护标准及上述方法,选择养护标准见表5-4。

高速公路养护标准　　表5-4

评价指标	量度指标	养护标准
路面状况指数	PCI	$\mu_{良}^{PCI} \geq 0.6$ 或 $\mu_{优}^{PCI} \geq 0.3$
抗滑性能指数	SRI	$\mu_{良}^{SRI} \geq 0.6$ 或 $\mu_{优}^{SRI} \geq 0.3$
路面行驶质量指数	RQI	$\mu_{良}^{RQI} \geq 0.6$ 或 $\mu_{优}^{RQI} \geq 0.3$
路面结构强度指数	PSSI	$\mu_{良}^{PSSI} \geq 0.6$ 或 $\mu_{优}^{PSSI} \geq 0.3$

指定养护标准的养护需求分析就是根据指定的养护标准,对路网道路进行公路养护的必要性分析,提出路网中"哪些路段""在什么时候""用什么方法"进行大中修或日常养护。指定养护标准,对于路况指标小于指定养护标准的路段根据决策树模型采取相应的养护措施。

2)指定养护标准的优化决策模型

模型的符号说明,已知量有:

T——规划总期(年)数,规划基年为第0年,规划期从第1年到第T年;

I——路网中养护规划的总公路条数,规划的公路从第1条到第I条;

J_i——路网中第i条路划分的路段总数(通常以1km为划分单位);

L_{ij}——路网中第i条路第j路段的里程数,当路段划分完成后,该变量未确定变量;

c_i^k——路网中第i条路采取第k种养护方案措施的费率(万元公里),本文选取维修方案共有5种,分别为日常养护与小修、中修罩面、中修加铺抗滑层、大修重建和大修补强,分别用1、2、3、4、5代表;

r_c——折现率(贴现率),对高速公路路面养护决策问题一般取值范围是4%~8%;

$\mu_{良,ij}^{PCI}$、$\mu_{优,ij}^{PCI}$——规划基年,路面状况指数PCI分别为良和优的隶属度;

$\mu_{良,ij}^{SRI}$、$\mu_{优,ij}^{SRI}$——规划基年,抗滑性能指数SRI分别为良和优的隶属度;

$\mu_{良,ij}^{RQI}$、$\mu_{优,ij}^{RQI}$——规划基年,路面行驶质量指数RQI分别为良和优的隶属度;

$\mu_{良,ij}^{PSSI}$、$\mu_{优,ij}^{PSSI}$——规划基年,路面结构强度指数PSSI分别为良和优的隶属度。

决策变量有:

$x_{ij}^k(t)$——表示路网中第i条路的第j段在第t规划年是否采取第k中养护维修方案。如果采取,改值为1,否则为0。

从属变量：$\mu_{良,ij}^{PCI}$、$\mu_{优,ij}^{PCI}$、$\mu_{良,ij}^{SRI}$、$\mu_{优,ij}^{SRI}$、$\mu_{良,ij}^{RQI}$、$\mu_{优,ij}^{RQI}$、$\mu_{良,ij}^{PSSI}$、$\mu_{优,ij}^{PSSI}$——分别表示第 t 规划年路网中第 i 条路的第 j 段路面状况指数 PCI、抗滑性能指数 SRI、路面行驶质量指数 RQI 与路面结构强度指数 PSSI 分别为良和优的隶属度，该从属变量的确定需要依据先前的状态变量及决策变量依据前面提出的高速公路路面使用性能组合预测方法来确定。

根据问题描述，该问题可建立如下 0－1 规划模型：

$$\text{Min} = \sum_{t=1}^{T}\sum_{i=1}^{l}\sum_{j=1}^{J_i}\sum_{k=1}^{5}\left[x_{ij}^{k}(t)\times c_i^k\times(1+r_c)^{-1}\right] \tag{5-4}$$

$$\text{S. t.} \sum_{k=1}^{5} x_{ij}^{k}(t)=1$$

$$\mu_{良,ij}^{PCI}(t)+\mu_{优,ij}^{PCI}(t)\geqslant 0.9,\ \forall 1\leqslant i\leqslant I, 1\leqslant j\leqslant J_i, 1\leqslant t\leqslant T$$

$$\mu_{良,ij}^{SRI}(t)+\mu_{优,ij}^{SRI}(t)\geqslant 0.9,\ \forall 1\leqslant i\leqslant I, 1\leqslant j\leqslant J_i, 1\leqslant t\leqslant T$$

$$\mu_{良,ij}^{RQI}(t)+\mu_{优,ij}^{RQI}(t)\geqslant 0.9,\ \forall 1\leqslant i\leqslant I, 1\leqslant j\leqslant J_i, 1\leqslant t\leqslant T$$

$$\mu_{良,ij}^{PSSI}(t)+\mu_{优,ij}^{PSSI}(t)\geqslant 0.9,\ \forall 1\leqslant i\leqslant I, 1\leqslant j\leqslant J_i, 1\leqslant t\leqslant T$$

$$x_{ij}^{k}(t)\in\{0.1\},\ \forall 1\leqslant i\leqslant I, 1\leqslant j\leqslant J_i, 1\leqslant t\leqslant T, 1\leqslant k\leqslant 5$$

该模型为模糊约束 0－1 规划模型，模糊约束条件为路面使用性能分项指标的模糊评价优和良的隶属度值和不小于限定值，其目标函数考虑了规划期内养护费用的折现，目标函数表示在规划期 T 年内第 1 年至第 T 年路面养护总费用的现值最小。

约束条件表示各条线路的各段选择养护方案的唯一性和强制性要求，即每一条线路必须选择一种养护措施。该路段的养护标准，即规划期间每条线路的每个路段的使用性能路面状况指数 PCI、抗滑性能指数 SRI 租、路面行驶质量指数 RQI 与路面结构强度指数 PSSI 为良的模糊评价隶属度不小于 0.6 或者为优的模糊评价隶属度不小于 0.3。式(5-3)说明该规划模型为 0－1 规划。

3）问题的求解

上述 0－1 规划模型属于组合优化问题，求解该模型是一个 NP 难题，并且决策变量个数较多，根据现有计算条件利用穷举法无法得到问题的解，因此求解该问题必须另寻出路。考虑模型的特点和求解要求，本文采用求解组合优化问题的一个近似优化算法——集束搜索算法。集束搜索算法是一个近似最优求解的常用方法，适于求解强非线性的复杂问题。为了简化计算，本文将每一规划年按照使用性能综合模糊评价由优到差的顺序进行排序并依次规划其养护方案。

以下是几个用来描述算法的术语：

①根节点(Root Node)，即对应于规划第 1 年综合模糊评价为优的某一路段的节点；

②集束节点(Beam Node)，即从该层所有子节点中选取的较优节点；

③集束的宽度(Beam Width)，即每层集束节点的最大个数；

④子节点(Child Node)，即根节点和集束节点所生成的节点；

⑤父节点(Pareni Node),即生成子节点的集束节点是其生成节点的父节点。

该算法的计算步骤如下:

第一步:从根节点开始,以所有满足根节点4个使用性能单项指标满足约束的养护措施为子节点的养护决策变量值。然后,根据决策变量及路段状态、养护定额等分别计算各子节点的目标函数值,即养护费用。最后,根据所有子节点的目标函数从小到大选择子节点作为该层的集束节点,所选取的集束节点数小于集束宽度。

第二步:以所有集束节点为父节点,搜索所有满足使用性能单项指标约束养护措施方案形成子节点。然后根据各子节点的决策变量分别计算各子节点的当前维修措施的养护费用,将当前养护费用与其所有父节点的目标值之和作为当前子节点的目标函数值。再根据所有子节点的目标函数从小到大选择子节点作为该层的集束节点,所选取的集束节点数小于集束宽度。

依次类推……

第 T_v 步:同样生成子节点,并评价当前子节点的目标值。选择具有最小目标值的子节点,该子节点与其所有父节点形成节点链,也就是形成了该问题的近似最优解,该目标值即为近似最优目标值。

图5-6给出了3段路集束搜索算法例子,其中集束宽度为3。第一步有4个子节点,从这4个子节点中选出3个作为该步的集束节点。第二步有12个子节点,同样可以从中选出3个作为该步的集束节点。以此类推。到最后一步选择最小目标值的子节点,从而形成问题的求解链,如图5-6中加黑的节点链。

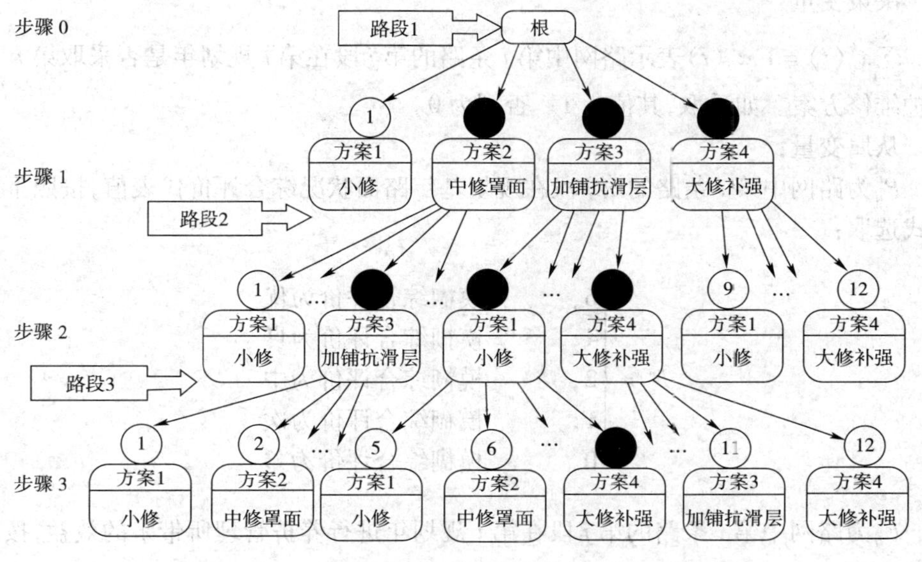

图5-6 集中搜索的例图说明

5.3.4 指定养护资金约束的路面养护管理优化决策模型及算法

1)问题描述

高速公路路面网级养护资金分配优化决策问题是以路网养护投资规模为约束,寻求使整个路网效益最大的最佳养护对策。其规划主要目标是在有资金约束的条件下,规划期内路面养护质量最优或养护获得的效益最大。通过本文5.3的分析研究,采用养护方案实施后带来的差额效益来度量养护方案经济效益。

2)指定养护资金约束的养护决策优化模型

变量说明,已知变量:BUG^{i}——规划期第 t 年的养护资金投资预算,单位(万元),$1<t<T$;其他变量如前所示。

AADT^{i} 为规划期第 t 年的年平均日交通量,$1<t<T$;

M 为养护措施的效益计算年限;

P_{ij}^{0}为路网中第 i 条路的第 j 段在规划基年路面状况综合评价代表值。

$$P_{ij}^{0}=\begin{cases}6, & \text{模糊综合评价为优}\\4, & \text{模糊综合评价为良}\\2, & \text{模糊综合评价为中}\\1, & \text{模糊综合评价为次}\\0, & \text{模糊综合评价为差}\end{cases}$$

决策变量:

$\sum\limits_{k=1}^{5}x_{ij}^{k}(t)=1$,$x_{ij}^{k}(t)$表示路网中第 i 条路的第 j 段在第 t 规划年是否采取第 k 中养护维修方案。如采取,其值为1。否则为0。

从属变量:

P_{ij}^{t}为路网中第 i 条路的第 j 段在规划基年路面状况综合评价代表值,按照下列方式选取:

$$P_{ij}^{t}=\begin{cases}6, & \text{模糊综合评价为优}\\4, & \text{模糊综合评价为良}\\2, & \text{模糊综合评价为中}\\1, & \text{模糊综合评价为次}\\0, & \text{模糊综合评价为差}\end{cases}$$

E_{ij}^{t}为路网中第 i 条路的第 j 段在第 t 规划年进行养护管理所带来的效益,按照下式确定:

$$E_{ij}^{t} = \int_{0}^{M} (P_{ij}^{t+s} - P_{ij}^{t+s-1}) \times (1 + r_c)^{-(t+s)} \times \mathrm{AADT}^{t+s} \times L_{ij} \mathrm{d}s \tag{5-5}$$

根据问题描述,可以建立 0 – 1 规划模型:

$$\mathrm{Max} \sum_{t=1}^{T} \sum_{i=1}^{I} \sum_{j=1}^{J_I} E_{ij}^{t} \tag{5-6}$$

$$\mathrm{S.\,t.} \sum_{k=1}^{5} x_{ij}^{k}(t) = 1$$

$$\sum_{i=1}^{I} \sum_{j=1}^{J_i} \sum_{k=1}^{5} [x_{ij}^{k}(t) \times c_i^k] \leqslant \mathrm{BUG}^t$$

$$\mathrm{RoP}_i^t < \mathrm{RoP}_i^D$$

$$x_{ij}^{k}(t) \in \{0,1\}$$

3)算法实现

该模型的求解属于 NP 难题。考虑到该模型是在每年财政计划的基础上优化分配每年的养护资金以达到最佳的养护效益,具有典型离散时间动态规划的特点,本文将依据动态规划的贝尔曼(R. Bellman)最优化原理变换成一系列单阶段最优决策问题来求解该模型,即把整个最优化问题简化为各阶段的最优化问题,每阶段只要确定变量维数较少的最优解,逐段进行,最终可求解出整个问题的近似最优解。模型的动态规划 5 要素构成如下:

阶段:以年为时间刻度,将每一年作为一个决策阶段,则整个研究期限为 T,决策基年 $t=0$。这与路面使用性能预测和确定路面组合状态转移概率的基本前提是一致的。

状态:路面在第 t 年的状态用路面性能 625 种组合状态,通过路面现状使用性能评价和分析统计等基础工作,可以得到决策基年路网中各线路路面 625 种组合状态的分布情况。

决策与策略:路面养护资金分配优化问题在各阶段的决策就是各种路面养护对策措施,不同的对策(决策方案)对路面性能的影响和作用效果是不同的。本文针对不同路面类型确定了不同的具体养护措施。而决策策略则是在整个决策过程中各种养护对策与路面组合状态之间的各种组合情况,即对于某条线路处于某种状态的路面采取可能的各种措施。根据各路段的使用性能状态及养护效益与费用关系对项目的养护进行优先排序。

具体方法如下:路段间的养护排序可根据养护费用的经济效益指标排序和技术指标排序两种方法:①经济效益指标排序:按指标值从大到小排列的顺序就意味

着道路各路段养护需求性的大小。②技术指标排序:本文采用了如下技术指标排序模型,共考虑了5种因素,分别是路面使用性能综合评价、PSSI、PCI、RQI、AADT。其中道路等级反映了道路的重要程度,同样条件等级高的道路占有高的优先权。交通量反映了用户的多少,同样道路条件养护时需要优先考虑大交通量的路段。

本文以技术指标排序为基础考虑养护费用效益(详见5.2节分析,主要体现在路面使用性能综合评价指标中)建立了经济技术指标排序模型,模型参数见表5-5,这种方法既保证了技术上可行,又保证了经济上适用。

经济技术指标排序模型参数 表5-5

分数	PQI	PSSI	PCI	RQI	AADT
90~100	次	差			>8000
80~90	中	次	差	差	6000~8000
60~80	差	中	次	次	4000~6000
40~60	良	良	中	中	2000~4000
20~40	优	优	良	良	1000~2000
0~20			优	优	<1000
系数	0.25	0.25	0.20	0.15	0.15

状态转移规律:通过路面使用性能的预测模型可以得到组合状态的转移规律。在实际决策过程中,由于每一年采取相应的养护措施后,路面组合状态的分布情况会发生变化。因此在进行第$t+1$年养护对策选择之前,应根据第t年所采取的养护措施,重新计算路面组合状态的分布情况,确定第$t+1$年的路面养护需求总量,为当年的养护决策提供依据。

决策指标函数:对于网级路面养护资金优化分配问题,决策目标函数是在一定的养护资金限制条件下各年养护总效益最大。

算法流程如图5-7所示。

5.3.5 养护方案的选定

采用上述方法求解高速公路路面网级养护资金分配和项目规划问题模型,就可以得到整个规划研究期内的系统最优解,从而制定一个多年路网养护维修与资金分配方案,达到路面养护决策优化的目的。经过分析,通常如果通过养护服务水平和养护标准条件下规划问题模型求解得到的养护总费用小于养护资金预算,则说明养护资金还可以满足更多的养护需求,一般通过养护服务水平和养护标准条件下规划问题模型框定投资规模。用指定养护资金约束下的养护决策模型对财务计划资金在项目间进行分配。应该指出的是,数学模型不是万能的,本文建立的决策规划模型是对路面使用性能状态及养护费用效益进行了许多简化,并在一定的假设前提条件下进行的。在实际应用中,有时模型的计算结果还要结合实际情况进行修正,以得到科学合理可操作性强的实际决策方案,充分发挥路面养护管理决策人员及实际操作人员的积极作用,为做出有效科学的高速公路养护管理决策提供支持。

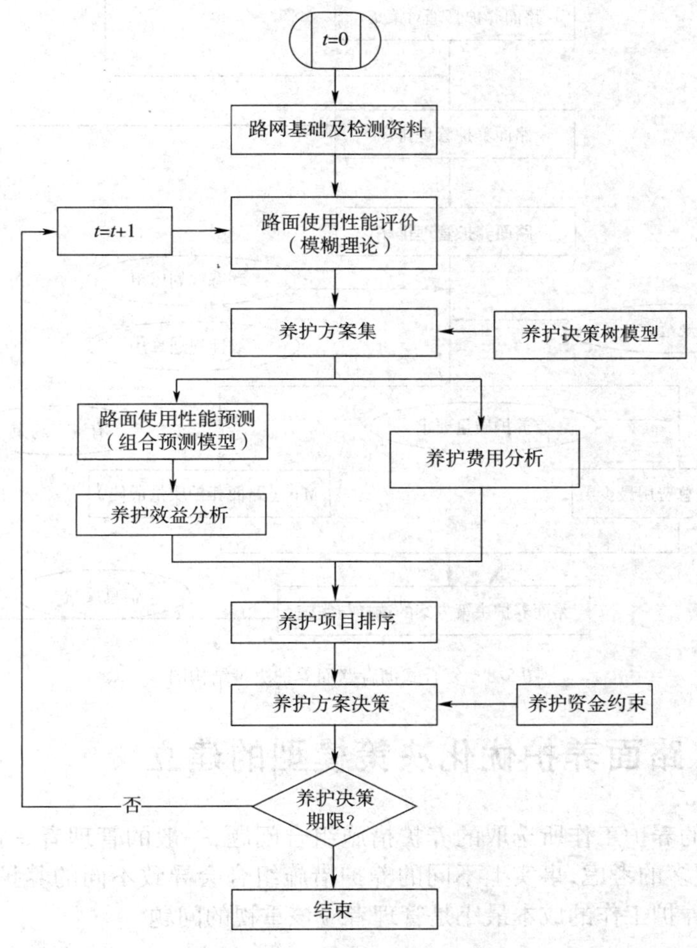

图 5-7　指定养护资金约束的优化决策流程

高速公路路面养护管理决策系统由需求分析、对策分析、决策优化和方案制定 4 个部分组成,其中决策优化重点解决:路面养护管理排序问题和养护资金分配优化问题两个问题,主要研究框架如图 5-8 所示。

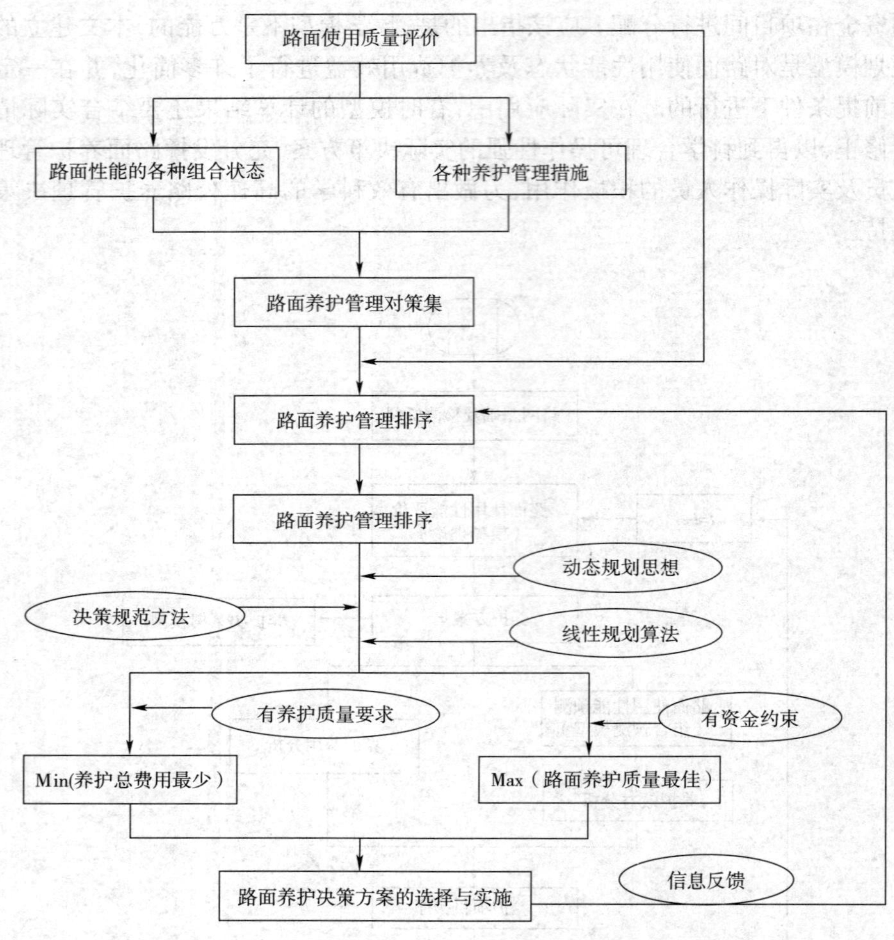

图5-8 复合式沥青路面养护决策结构图

5.4 路面养护优化决策模型的建立

短期内的养护工作所选取的养护措施组合问题,一般的管理者是按照经验进行,没有做更多的考虑,事实上不同的养护措施组合会导致不同的养护成本,如何统筹管理使养护工作的成本最小是管理者应该重视的问题。

5.4.1 路面性能组合状态的确定

由于路面使用性能评价是一个多指标评价体系,得到路面现状使用性能评价结果后,我们更关注各线路上各路段 RQI、PSSI、PCI、SRI 等指标的组合情况。如果仅根据 EPQI 这一综合评价指标来判断路况的优劣,并以此来制定养护管理对策,又显得太过笼统,不能真实反映路面实际情况,而各种路面养护规范和标准中关于养护措施的选择依据都是单项指标或几个单项指标的组合情况。因此,本文提出路面使用性能的组合状态这一概念,指同一路段路面使用性能各项指标评价等级的组合。

按照现行规范的分级标准,RQI、PSSI、PCI、SRI 等 4 项评价指标均有优、良、中、次、差 5 个等级,那么路面性能的组合状态就应该有 $5 \times 5 \times 5 \times 5 = 625$ 种,如果再考虑养护措施的选择,会有几千种组合情况,造成决策问题规模大,求解困难。因此在网级路面决策优化时,需求根据需要简化合并状态,减少组合情况,缩小问题规模,这也是系统集成思想的体现。大量的实际路况数据调查结果显示:虽然路面使用性能评价 4 项指标是从不同方面来反映路况的,但它们之间是有一定联系的,即一项指标较差时,其余指标也往往较差,很少出现某项指标优良而其余指标较差的情况。因此,参照我国高速公路养护管理的相关技术规范要求和对路面组合状态进行了简化,简化情况如下:

RQI 简化为 3 级:优良级(80~100)、中级(62~80)、次差级(0~62);

PSSI 简化为 2 级:强度足够级(80~100)、强度不足级(0~80);

PCI 简化为 3 级:优良级(70~100)、中级(55~70)、次差级(0~55);

SRI 简化为 2 级:能力足够级(62~100)、能力不足级(0~62)。

简化后沥青路面性能的组合状态最多为 $3 \times 2 \times 3 \times 2 = 36$ 种,既能够满足决策的需要,又大大减小了决策问题的规模。而在具体应用中,真正对养护决策有意义的还没有这么多种情况,根据选择的不同养护对策,选取其中有实际意义的组合状态。各种路面性能的组合状态及其建议的养护对策情况如表 5-6 所示。从表 5-6 可以看出,对于高速公路网级沥青路面养护管理决策优化问题而言,有实际意义的各种路面性能组合状态仅有 11 种,结合可选择的养护对策,共有 19 种组合情况,又在一定程度上减小了决策问题的规模。

公路沥青路面性能组合状态及养护对策 表 5-6

编号	RQI	PSSI	PCI	SRI	建议养护	允许养护
1	优良	强度足够	优良	能力足够	A	
2	中	强度足够	优良	能力足够	B	A
3	优良	强度足够	中	能力足够	B	A
4	中	强度足够	中	能力足够	B	A
5	优良	强度足够	次差	能力足够	B	A
6	次差	强度足够	优良	能力足够	B	A
7	中	强度足够	次差	能力足够	B	A
8	次差	强度足够	中	能力足够	B	A

续上表

编号	RQI	PSSI	PCI	SRI	建议养护	允许养护
9				能力不足	C	
10	次差	强度足够	次差	能力足够	D	B
11		强度不足			E	

注:①养护对策:A——日常养护与小修;B——中修罩面;C——中修加铺抗滑,即对处于第9种和第11种状态的路面必须采取的措施;D——大修重建;E——大修补强。其中C、E为强制措施;

②建议养护对策是指按照规范标准要求应采取的措施,允许养护对策是在资金等条件限制下不得已可考虑采取的措施。

另外可从路面养护对策的决策树进行分析。决策树分析在路面养护管理决策中得到了广泛应用。根据路面性能组合状态和建议的养护对策,采用决策树分析方法将公路路面各种决策方案枝、概率枝、结果枝等要素直观反映出来,结果如图5-9所示。

5.4.2 路面养护管理的优先排序问题

高速公路网级路面养护管理的优先排序问题与多属性多目标决策问题有很多相似之处。在路面养护管理受到资金条件的限制,不可能满足所有的养护需求的情况下,需要决策者按照一定标准对各线路的养护迫切性和重要度进行排序。我们可以将各个决策方案看作是路网中各条线路,将各决策者看作是各种影响因素,各条线路以不同影响因素为标准的排序结果是不同的。本文所考虑的排序影响因素包括路面使用性能指标、交通量、路龄和道路在路网中的地位作用等4个方面,其中路面使用性能指标又有RQI、PSSI、PCI、SRI等4项指标,各项影响因素的排序规则如表5-7所示。关于各项影响因素权重集$\omega=(\omega_1 \quad \omega_2 \quad \omega_3 \quad \omega_4)$的确定,可以针对不同路网的具体特点,采用工程经验结合专家调查法确定,一般认为路面使用性能是养护排序最主要的考虑因素,所占的权重比例一般不小于60%。而路面使用性能中RQI、PSSI、PCI、SRI等4项指标的权重$(\omega_{11} \quad \omega_{12} \quad \omega_{13} \quad \omega_{14})$,结合相关技术规范和专家意见进行适当调整。

公路路面养护管理的排序规则 表5-7

影响因素	排序权重	排序规则
RQI	ω_{11}	按线路各路段路况均值排序,值小者排序靠前
PSSI	ω_{12}	
PCI	ω_{13}	
SRI	ω_{14}	
交通量	ω_2	按日均交通量大小排序,值大者排序靠前
路龄(年)	ω_3	按通车时间长短排序,值大者排序靠前
重要性	ω_4	综合考虑各种相关因素后排序

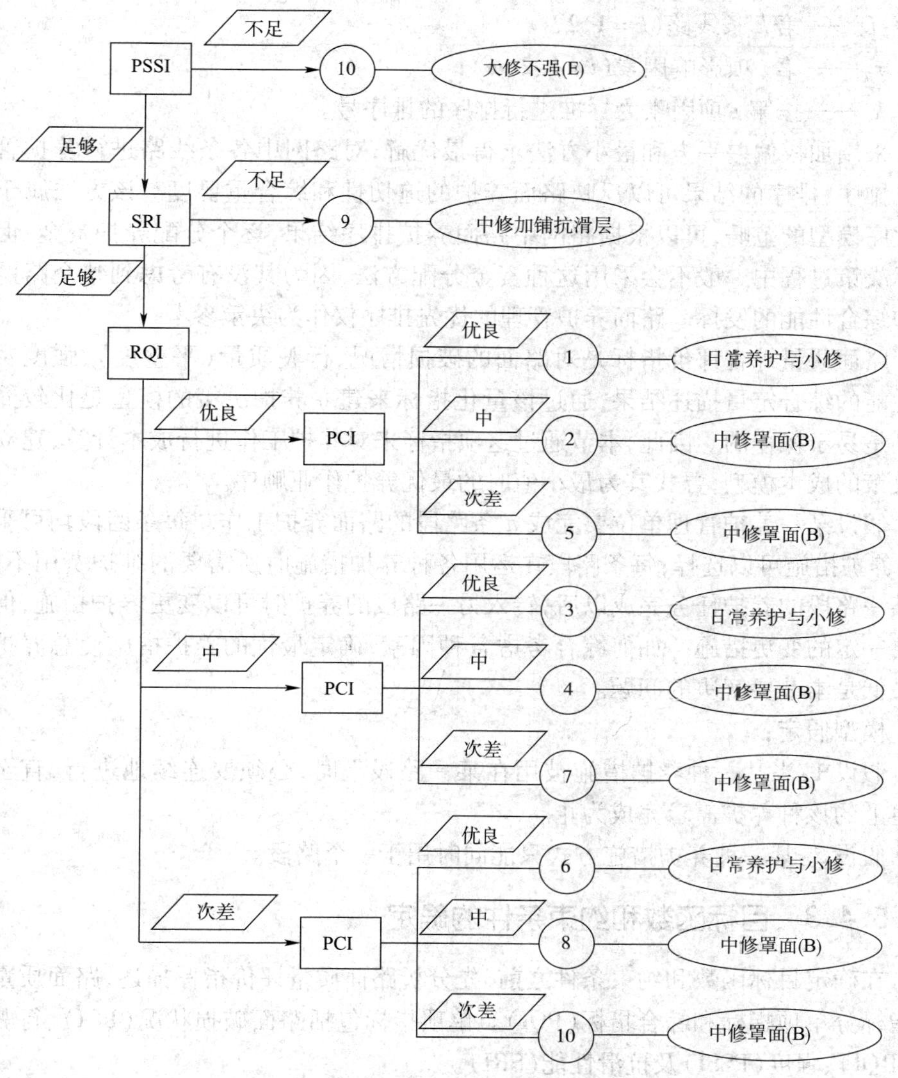

图 5-9　养护优化决策树

在实际应用中，设 s 条高速公路在 m 项影响因素的作用下的排序结果构成了以下矩阵：

$$P = \begin{matrix} D_1 \\ D_2 \\ D_3 \\ D_4 \end{matrix} \begin{bmatrix} r_{11} & r_{12} & \cdots & r_{1m} \\ r_{21} & r_{22} & \cdots & r_{2m} \\ \cdots & \cdots & \cdots & \cdots \\ r_{s1} & r_{s2} & \cdots & r_{sm} \end{bmatrix} \tag{5-7}$$

式中：D——第 k 条线路（$k=1、2、s$）；

r_{ik}——第 i 项影响因素（$i=1、2、m$）；

k_{ir}——按第 i 项因素为标准进行排序的排序号。

采用加权偏差平方和最小方法求得最优解，对路网中各条线路进行养护管理优先排序，排序的结果可以反映路面养护的迫切性和综合重要度。该方法属于优先次序模型的范畴，可以根据路网中路面养护排序结果，逐个分配养护资金，但在实际决策过程中一般不会采用这种资金分配方法，因为其没有考虑到整个路网整体和综合性能的发挥。路面养护管理的优先排序仅作为决策参考。

路面质量综合评价指标是对路面的破损情况、行驶质量（平整度）、强度及抗滑性能的综合定量描述结果，通过该量化指标来建立养护决策的模型是比较简单而且是易于操作的。因此，本节通过这项指标来对养护工作进行成本计算，建立养护决策的成本模型，寻找其为最小值时的最优养护作业顺序。

假设某一养护管理单位要完成 n 条路段的路面养护工作。每条路段均可采用 g 种养护措施可以选择；每条路段在运用各种养护措施时所需要的维护费用不同；当某一路段的养护任务完成以后，转入另一路段的养护时可以变更养护措施，但是需要一定的变更措施。如何综合考虑各种因素，确定最优的养护措施使总养护成本最低是本节要解决的问题。

模型假定：

假设1：当某一种养护措施被用在某一路段上时，必须要连续地进行，直至该条道上的该种养护需求完成为止。

假设2：某一种养护措施方式只能同时用于一个路段。

5.4.3 目标函数和约束条件的确定

在确定目标函数和约束条件之前，先分析路面质量评价指标描述，路面质量评价指标分单项指标和综合指标（PQI）。单项指标包括路面破损状况（PCI）、行驶质量（RQI）、强度（PSSI）及抗滑性能（SRI）。

其中，路面破损状况（PCI）能通过 DR 来计算确定：

$$\mathrm{PCI}=100-15\mathrm{DR}^{0.412} \tag{5-8}$$

行驶质量（RQI）的值通过调查路段的国际平整度指数 IRI 来计算确定，具体计算用下式：

$$\mathrm{RQI}=\frac{100}{1+0.0185\exp(0.437\mathrm{IRI})} \tag{5-9}$$

强度（PSSI）的值通过调查路段的结构强度系数 SSI 来计算确定，具体计算用下式：

$$PSSI=\frac{100}{1+15.17\exp(5.19IRI)} \tag{5-10}$$

抗滑性能(SRI)的值通过调查路段的横向力系数 SFC 来计算确定,具体计算用下式:

$$SRI=\frac{100-SRI_{min}}{1+266.0\exp(-0.139SFC)}+SRI_{min} \tag{5-11}$$

路面质量综合评价指标用 PQI 表示,用各个单项评价指标的加权算术平均值来定义:

$$PQI=\omega_{PCI}PCI+\omega_{PSSI}PSSI+\omega_{RQI}RQI+\omega_{SRI}SRI \tag{5-12}$$

式中 w_{PCI}、w_{PSSI}、w_{RQI}、w_{SRI}的值由表 5-8 确定。

加权系数 表 5-8

系数	沥青路面
w_{PCI}	0.35
w_{PSS}	0.35
w_{RQI}	0.20

5.4.4 目标函数及约束条件

总成本为:

$$MinZ=\sum_{i=1} C_i^k x_i^k (PQI_{IN}-PQI_{IV}) L_I+\sum_{i=1}^{g}\sum_{k=1}^{g}\sum_{i=1}^{n-1} d_{i.\,i+1}^{kl} y_{i.\,i+1}^{kl} \tag{5-13}$$

s.t:

$$PQI_{IV}>PQI_{min},(i=1,2,\cdots,3)$$

$$\sum_{k=1}^{n-1} x_i^k=1,(i=1,2,\cdots,n)$$

$$\sum_{k=1}^{g}\sum_{i=1}^{g} y_{i.\,i+1}^{kl}=1,(i=1,2,\cdots,n-1)$$

其中:$x_i^k=1$ 或 0,$y_i^{kl}=1$ 或 0。

目标函数以整个养护过程中实施措施的成本最小为目标,养护成本由每种养护措施本身的成本和变换养护措施要付出的成本两部分组成。第 1 个约束条件对应养护后的路面综合质量评价指标值不得低于规定的最低要求;第 2 个约束条件对应在某一路段上只能采取一种养护措施;第 3 个约束条件对应在当从某一路段转移到下一个路段的施工时,最多只能变换养护措施一次;第 4 个约束条件对应决策变量取 0 或 1。

5.4.5 变量及参数描述

C_i^k 表示以 k 种养护措施在第 i 个路段上施工时,使 1km 的路面 PQI 的值提高单位时需要付出的成本;

L_i表示第 i 个路段的长度;

x_i^k 表示以 k 种养护措施在第 i 个路段上作业,当以 k 种养护措施在第 i 条道上

作业时 $x_{i,i+1}^{k}=1$，否则 $x_{i,i+1}^{k}=0$；

$y_{i,i+1}^{kl}$ 表示由第 i 个路段转移到第 $i+1$ 个路段上作业时，养护措施由 k 种变换到 l 种，发生变换时 $y_{i,i+1}^{kl}=1$，否则 $y_{i,i+1}^{kl}=0$；

$d_{i,i+1}^{kl}$ 表示由第 i 个路段转移到第 $i+1$ 个路段上作业时，养护措施由 k 种变换到 l 种。发生费用；

PQI_{IN} 表示第 i 个路段施工后达到的路面状况指标值；

PQI_{IV} 表示第 i 个路段施工前的路面状况指标值；

PQI_{min} 表示第 i 个路段施工后路面状况指标要达到的最低值；

n 为待养护的路段数；

g 为改善 PQI 值可采用的养护措施的类型数。

5.5 养护决策模型应用分析

分别选取京昆高速石家庄段4个路段进行路面养护维修。根据主要的破损情况，任意一个路段均可选用4种养护措施，将其编号为措施1、措施2、措施3、措施4，见表5-9；根据历史数据分析得到的每个路段的长度见表5-10。每种措施提高每个路段每公里单位 PQI 的值要支付的成本见表5-11；每个路段的 PQI_{min} 值不得小于80；根据有关部门的要求各条待养护路段的 PQI_{IV} 值见表5-12；各种养护措施之间变换时需要附加的成本见表5-13。

养护措施编号 表5-9

编　号	养护措施	编　号	养护措施
措施1	稀浆封层	措施3	表面处理
措施2	日常养护	措施4	上拌下贯

养护路段长度 表5-10

项目	A	B	C	D
L_i	5.5	4.2	6.3	7.0

C_i^k 的取值（单位：万元/公里） 表5-11

C_i^k	A	B	C	D
措施1	0.50	0.30	0.25	1.75
措施2	0.38	0.23	0.19	1.50
措施3	0.57	0.35	0.29	1.00
措施4	0.64	0.38	0.32	1.25

PQI_{IV} 的 取 值 表 5-12

项目	A	B	C	D
PQI_{IV}	90	95	95	90

$d_{i,i+1}^{kl}$的取值(单位:万元) 表 5-13

交换类型	$d_{i,j+1}^{kl}$的值	交换类型	$d_{i,j+1}^{kl}$的值
措施1↔措施2	1.0	措施2↔措施3	1.0
措施1↔措施3	1.5	措施2↔措施4	1.5
措施1↔措施4	1.8	措施3↔措施4	1.8

用动态规划法计算混合整数规划问题得:A 路段采用措施 2(日常养护),B 路段采用措施 2(日常养护),C 路段采用措施 2(日常养护),D 路段采用措施 3(表面处理)时总养护成本最低。

5.6 车辙防治对策研究

5.6.1 路面设计及施工方面

在路面材料设计参数选值中总体来看,取值偏低,处于规范值的中低限范围。应针对典型复合式路面结构及使用性能强情况对设计及使用参数进行系统研究,结合地区各地域的特点和具体情况,采取因地制宜的措施。从建设阶段开始科学治理、严格把关,防患于未然,能最大限度地减小路面病害的发生率。为了改善路面的高温稳定性,材料的选取中,可根据当地交通条件采用加抗车辙颗粒的改性沥青、橡胶沥青等材料,以提高路面的使用性能。

5.6.2 裂缝的修补和养护

纵、横向裂缝的处治重点是要做好经常性路况调查,发现新增裂缝要及时处理,防止杂物和雨水下渗。随着道路的雨、雪水逐渐渗入裂缝,导致裂缝两侧的路面结构内部含水率增加,在行车荷载作用下,加剧了路基路面的破坏。如不能及时修补沥青路面的不规则裂缝,很快会发展成为网裂,最终形成坑槽。所以,发现裂缝进行及时修补是至关重要的。为控制了雨雪水对路面的侵入,在每年的 3 ~5 月份,应专门组织人员对路面出现的横缝和纵缝进行灌缝工作,不能忽视对细小特别是轻微网状裂缝的灌缝工作。

5.6.3 车辙防治措施

合理选择路面的结构类型及矿料的配合比,并采取合理的施工方法,就能有效地预防车辙的产生。沥青路面集料级配偏粗，对抗车辙有利，面层承担耐疲劳、防渗的任务，采用间断型级配作为耐磨层可满足抗车辙抗裂、防水、抗滑等要求。施工中应该避免出现沥青混合料级配不合理、孔隙率小、沥青用量过大等情况，保证路基路面压实均匀并达到规定压实度。在罩面地段也可以使用具有高抗拉强度、良好的吸油性、耐高温的高分子纤维材料对路面进行处理，能起到加强筋的作用。

5.6.4　拥包防治措施

处理措施尽量在高温季节实施。对于沥青用量过多或罩面细料集中引起的拥抱，采用铣刨机铣刨或人工挖除。

5.6.5　水损害修补和养护措施

路面坑槽是水损坏产生的主要病害之一。填补所用混合料级配类型尽量与原路面结构一致，层次一致。制备工艺可根据实际条件采用热拌法、冷拌法(热油冷料拌和)或乳化沥青混合料等。采用刚从拌和站生产出来的沥青混合料进行坑槽修补，可有效地改善修补的牢固度。针对路面基层损坏原因，先处理基层病害，再修复面层。沥青路面的水损坏要比多雨地区少得多，但由于沥青混凝土透水但不能够排水，对于雪水逐渐渗透并滞留在路面结构层内，路面结构内的自由水会在行车荷载作用下同样会加速路面水损坏。做好路面的防排水设施将进入路面的水及时排走，不在路面结构内部滞留是十分重要的。分析水损害产生的原因，找出水源是采取相应措施的关键。可采用表面封水、基层表面封，或者采用排水式基层等防治措施。在养护措施中，改善沥青层内的层间接触状况，同时采取适当的沥青面层层内的防排水措施是全线预防性养护的主要思想。加强集料与结合料的黏附性，提高混合料的抗水损坏能力。

5.6.6　板底脱空的处治及防范措施

初期产生的唧泥可能不会造成断板，但随着破坏的发展，板体的支承情况会随之改变，进一步则发展为断板。对混凝土板下和基层、垫层进行灌浆，恢复对路面结构的支承，是处治唧泥比较有效的方法。灌浆时要施加一定压力，但要防止压力过大造成路面板抬高。

对于水泥混凝土板体，应选择适宜的基层材料，为防止唧泥采用强度较高和抗冲刷的粒料作基层。采用适当的路面防排水措施可大大减小唧泥现象产生的概率。养护中选择优良的接缝板和填缝料，应加强灌缝工作；设计中改善路面结构形式，也可以通过设置路肩排水系统、完善具有排水功能的基层、垫层等设施。

参考文献

[1] 熊辉,史其信,潘先榜. 路面管理理论与方法的研究进展及趋势[J]. 土木工程学报,2004(37):65-69.

[2] 潘玉利. 路面管理系统原理[M]. 北京:人民交通出版社,1998.

[3] 沙庆林. 高速公路沥青路面早期破坏现象及预防[M]. 北京:人民交通出版社,2001.

[4] 喻翔. 高速公路路面养护管理系统决策优化的研究[D]. 成都:西南交通大学,2005.

[5] 胡霞光,王秉刚. 两种基于遗传算法的路面性能综合评价方法[J]. 长安大学学报(自然科学版),2002,3(22):6-9.

[6] 公路工程建设与质量检验从书编委会. 公路路面施工养护技术与质量检验[M]. 北京:中国标准出版社,2003.

[7]《高速公路养护管理手册》编委会. 高速公路养护管理手册[M]. 北京:人民交通出版社,2002.

[8] 孙河山. 高速公路养护管理研究[J]. 辽宁工学院学报(社会科学版),2006(03).

[9] 张磊. 浅谈"四阶段法"在交通量预测中的应用[J]. 山西交通科技,2001(04).

[10] 张深,杜军平. 高速公路车流量预测方法的研究[J]. 北京工商大学学报(自然科学版),2001(04).

[11] 裴玉龙,张宇. 城市道路网节点短时段交通量预测模型研究[J]. 土木工程学报,2003(01).

[12] 刘洁,魏连雨,杨春风. 基于遗传神经网络的交通量预测[J]. 长安大学学报(自然科学版),2003(01).

[13] 资建民,江滔. 路面状况综合评价的灰色方法[J]. 华中科技大学学报(自然科学版),2002(3):62-64.

[14] 李清富,胡群芳,刘文,等. 基于灰色聚类决策的沥青路面使用性能评价[J]. 郑州大学学报(江学版),2003(2):44-47.

[15] 曾胜. 路面工程性能的综合评价方法[J]. 公路与汽运,2001(1):24-26.

[16] 王茵,胡昌斌,等. 高速公路沥青路面使用性能综合评价指标[J]. 沈阳建筑工程学院学报,2000(4):264-269.

[17] 胡霞光,王秉纲. 两种基于遗传算法的路面性能综合评价方法[J]. 长安大学

学报(自然科学版),2002(2):6 -9.

[18] 改性沥青路面在湖南高速公路上应用的探讨[J]. 公路工程,2000(2):4 -7.

[19] 龙尧. 沥青混合料车辙实验及黏弹性分析[D]. 长沙:长沙理工大学,2010(4).

[20] Sousa. JB. Permanent. Deformation. of. Aggregate. Mixes [R]. Washington. DC: Strategic. Highway. Research. Program, National Research Program Council, Report. NO. SHRP -415,1994.

[21] Sousa,J B. Modeling Permanent Deformation of Asphalt - Aggregate Mixes[J]. AAPT,Vol(63),1994.

[22] Dorman GM. The Extension to Practice of a Fundamental Procedure for the Design of Flexible Pavements [C]. Proceedings, First International Conference on the Structural Design of Asphalt Pavements. Ann Arbor. University of Michigan, 1962: 785 -793.

[23] Dorlnan GM,Metcalf CT. Design Curves for Flexible Pavements Based on Layered System Theory[J]. Highway Research Board,Record No. 71,1965.

[24] MonismithCL, McLean DB. Design Considerations for Asphalt Pavements [M]. Berkley University of California,1971.

[25] Barksdal RD. Laboratory Evaluation of Rutting in Base Course Materials[C]. Proceedings,Third International Conference on the Structural Design of Asphalt Pavements,Vol. 1,London,1972. 161 -174.

[26] Blab R;Harvey J T Modeling measured 3D tire contact stress in a viscoelastoc FE pavement model[J]. 2002(03):1225 -1229.

[27] 徐世法. 沥青路面的黏弹性力学分析与车辙预估[D]. 上海:同济大学,1988.

[28] 徐世法,朱照宏. 高等级道路沥青路面车辙的预估方法与控制指标评述[J]. 华东公路,1991(4):10 -14.

[29] 许志鸿,郭大智,吴晋伟,等. 沥青路面车辙的理论计算[J]. 中国公路学报,1990(3):27 -36.

[30] 黄晓明,张晓冰,邓学钧. 沥青路面车辙形成规律环道试验研究[J]. 东南大学学报,200030(5):96 -101.

[31] 张登良,李俊. 高等级道路沥青路面车辙研究[J]. 中国公路学报,1995,8(1):278 -282.

[32] 詹小丽,张肖宁,等. 改性沥青非线性黏弹性本构关系研究及应用[J]. 工程力学,2009,4(26):4.

[33] 关宏信. 沥青混合料黏弹性疲劳损伤模型研究[D]. 中南大学,2005(5).

[34] 茅梅芬. 半刚性基层沥青路面车辙研究[J]. 华东公路,1995(3):45 -49.

[35] 汪凡. 基于流变学本构模型和动力有限元分析的沥青路面车辙计算[D]. 重庆交通大学,2009.

[36] 王淑娟. 沥青混合料高温稳定性评价指标与现场车辙深度的相关性分析[J]. 公路交通技术,2011(8):35-38.

[37] 张肖宁. 沥青与沥青混合料的黏弹力学原理及应用[M]. 北京. 人民交通出版社,2006.

[38] 郑健龙. Bugers 黏弹模型在沥青混合料疲劳特性分析中的应用[J]. 长沙交通学院学报,1995,11(3):32-42.

[39] 陈静云,周长红. 沥青混合料蠕变试验数据处理与黏弹性计算[J]. 东南大学学报(自然科学版),2007(11):1091-1095.

[40] 杨挺青. 黏弹性力学原理[M]. 武汉:华中理工大学出版社,1992.

[41] 陈军. 中、下面层沥青混合料抗车辙性能的研究[D]. 东南大学,2005(3).

[42] 吕彭民,董忠红. 车辆—沥青路面系统力学分析[M]. 北京:人民交通出版社,2010.

[43] 尤占平. 沥青路面车辙的成因及防治对策[J]. 国外公路,1998,18(3):28-30

[44] 郝培文,吴微,张登良. 不同沥青用量与级配组成对沥青混合料抗车辙性能的影响[J]. 西安公路交通大学学报,1998,18(3(B)):199-201.

[45] 李一鸣,俞建荣. 沥青路面车辙形成机理力学分析[J]. 东南大学学报,24(1):90-95.

[46] 马德宏. Superpave 混合料设计试验方法和要求[J]. 山西交通科技,2002(1):10-12.

[47] 李文瑛,彭波,戴经梁. Superpave 混合料路用性能的研究[J]. 东北公路,2003(2):34-36.

[48] 林绣贤. 论 Superpave 组成配比的特色[J]. 华东公路,2002(1):3-7.

[49] 黄晓明,张晓冰,邓学钧. 沥青路面车辙形成规律环道试验研究[J]. 东南大学学报,2000,30(5):96-101.

[50] 张登良,李俊. 高等级道路沥青路面车辙研究[J]. 中国公路学报,1995.8(1):278-282.

[51] 茅梅芬. 半刚性基层沥青路面车辙研究[J]. 华东公路,1995(3):45-49.

[52] 李闯民,李宇峙. 浅析重复荷载作用下的沥青路面车辙因素[J]. 公路交通科技,1999(3):6-9.

[53] 汪凡. 基于流变学本构模型和动力有限元分析的沥青路面车辙计算[D]. 重庆:重庆交通大学,2009.

[54] 关宏信. 沥青混合料黏弹性疲劳损伤模型研究[D]. 湖南:中南大学,2005.

[55] 郭大智编. 层状黏弹性体系力学[M]. 哈尔滨:哈尔滨工业大学出版社,2001.
[56] 傅珍等. 超载运输对路面结构的损伤研究[D]. 西安:长安大学,2004.
[57] 张登良. 沥青路面[M]. 北京:人民交通出版社,1998.
[58] 沈金安. 沥青及沥青混合料路用性能[M]. 北京:人民交通出版社,2001.
[59] 交通部公路科学研究所. 公路工程集料试验规程(JTJ 058—2000). 北京:人民交通出版社,2000.
[60] 交通部公路科学研究所. 公路工程沥青与沥青混合料试验规程(JTJ 052—2000). 北京:人民交通出版社,2000.
[61] 沙庆林. 高等级公路半刚性基层沥青路面[M]. 北京:人民交通出版社,1999.
[62] 王旭东,等. 重载沥青路面设计规范研究报告. 交通部公路科学研究所,2002.
[63] 吴建浩,等. 沥青混合料抗水稳性试验方法专题研究报告. 江苏省交通科学研究院,2003.
[64] 山东省京福高速公路建设管理办公室. Superpaae 技术的开发与应用,2001.
[65] 郭志泽. 半刚性基层沥青路面的病害与维修[J]. 公路交通科技,2005(04).
[66] 郝培文. 集料吸入沥青数量评价方法的研究[J]. 公路,2001(07).
[67] 王刚. 高速公路路面病害处治方案的确定[J]. 科技情报开发与经济,2003(07).
[68] 贾渝,张全庚. 论我国沥青混合料设计方法[J]. 公路,2001(08):84-91.
[69] 翟冬悔,黄晓明. 沥青混合料浸水车辙试验研究[J]. 华东公路,2000(08):78-80.
[70] 吴平,等. APA 沥青混合料疲劳性能试验研究[J]. 中外公路,2003(02):86-89.
[71] 许松坤. 沥青路面材料及混合料组成设计分析[J]. 中外公路,2002(10):26-29.
[72] 邓学钧. 中国江阴长江大桥桥面沥青铺装层高温稳定性[J]. 交通运输工程学报,2002(06):1-7.
[73] 贾渝,张全庚. 沥青路面水损害的研究[J]. 石油沥青,1999(03):22-27.
[74] 沙庆林. 沥青和沥青混凝土现状[J]. 交通运输工程学报,2001(09):6.
[75] 沈金安. 关于沥青混合料配合比设计确定最佳沥青用量的问题[J]. 公路,2001(11):1.
[76] 李闯民,李宇峙. 加速重复荷载作用下影响沥青混凝土路面车辙因素的研究[J]. 公路,1998(05):22-26.
[77] 林秀贤. 论 Superpave 组成配比的特色[J]. 华东公路,2002(02):3-7.
[78] 王抒红,等. 沥青混合料级配曲线的走向[J]. 东北公路,2002(3):31.
[79] 张宏超,孙立军. 沥青混合料水稳定性能全程评价方法研究[J]. 同济大学学报,2002(04):422-426.

[80] 李闯民,李宇峙.重载交通沥青混合料的压实特性探讨[J].公路,2002(11):86-90.

[81] 李闯民,李宇峙. WesTrack 环道试验及期中研究成果[J].国外公路,1998(06):49-53.

[82] 高英,曹荣吉.超重交通荷载作用下沥青路面的应力分析[J].公路交通科技,2001(12):19-21.

[83] 谢海超,等.水泥作为填料在沥青混合料中的应用[J].公路交通科技,2002(10):62-64.

[84]《高速公路养护管理手册》编委会.高速公路养护管理手册[M].北京:人民交通出版社,2002.

[85] R·GaryHieks,StePhen B. Seeds,DavidG·Peshkin. Selecting a Preventive MaintenanceTreatinellt for Flexible Pavements. Foundation for Pavement Preservation. October 1999.

[86] AASHTO Innovative Highway Technologies,2000. Pavement Preservation:Transition Plan:Draft. Washington,D. C. :AASHTO.

[87] 王凤先.沥青路面裂缝病害分析与防治[J].山西建筑,2008,34(10):300-301.

[88] 张连强.高速公路沥青路面裂缝病害成因分析[J].交通世界,2005(08).

[89] 陈剑,廖福勇.南友高速公路沥青混凝土路面早期病害成因及养护技术研究.广西质量监督导报,2008(8).

[90] 李爱军.高速公路沥青路面路况评价与养护决策的研究[D].天津:河北工业大学,2002.

[91] The Ohio of Transportation Office of Pavement Engineering,Pavement Condition Rating System,the Ohio Department of Transportation Office of Pavement Engineering,2004(4).

[92] 房圆圆,马培建.沥青路面使用性能评价[J].青岛建筑工程学报,2005,26(4).

[93] 李国强,蒋志仁.沥青路面使用性能评价指标研究[J].重庆交通学院学报,1995,14(1).

[94] 交通部.高速公路养护质量检评方法(试行)[S].北京:人民交通出版社,2003.

[95] 姚祖康.路面管理系统[J].北京:人民交通出版社,2005.

[96] 姚祖康,孙立军,胡东明,等.沥青路面使用性能评价[J].土木工程学报,1989,23(3).

[97] 何余良,张起森.沥青路面使用性能评价指标[J].长沙交通学院学报,1994,10(2).

[98] 王艳丽,王秉刚.高等级公路沥青路面养护标准研究[J].重庆交通学院学报,2007,19(4).
[99] 中华人民共和国行业标准.JTJ 073.2—2001 公路沥青路面养护技术规范[S].北京:人民交通出版社,2001.
[100] 中华人民共和国行业标准 JTJ 073.2—2001 公路沥青路面养护技术规范[S].北京:人民交通出版社,2001.
[101] 王玉顺.高速公路沥青路面预防性养护技术与应用[M].北京:中国建材工业出版社,2008.